처음 만나는 표준/IEC 기반
표준의 이해

표준의 이해
처음 만나는 표준/IEC 기반

초판 1쇄 발행 2024년 3월 14일

지은이 서효정
펴낸이 장길수
펴낸곳 지식과감성⁺
출판등록 제2012-000081호

교정 김서아
디자인 강샛별
편집 정윤솔
검수 한장희, 이현
마케팅 김윤길, 정은혜

주소 서울시 금천구 빛꽃로298 대륭포스트타워6차 1212호
전화 070-4651-3730~4
팩스 070-4325-7006
이메일 ksbookup@naver.com
홈페이지 www.knsbookup.com

ISBN 979-11-392-1708-7(03500)
값 17,000원

- 이 책의 판권은 지은이에게 있습니다.
- 이 책 내용의 전부 또는 일부를 재사용하려면 반드시 지은이의 서면 동의를 받아야 합니다.
- 잘못된 책은 구입하신 곳에서 바꾸어 드립니다.

지식과감성⁺
홈페이지 바로가기

처음 만나는 표준/IEC 기반
표준의 이해

서효정 지음

전 세계인의 일상을 위해 '공통의 표준'은 발전하고 있으며,
오늘도 글로벌 합의는 진행되고 있습니다.

지식과감성#

목차

1. 표준이 뜨는 시대 ·· 9
2. 국가표준기본법의 용어 정의 ······················· 35
3. 국제전기기술위원회(IEC) 개요 ··················· 85
4. IEC TC62C 업무 경험 사례 ························ 139
5. IEC TC62C 문서 작성 사례 ························ 177
6. 모든 일에 필요한 것은 '의지' ······················ 209

1.
표준이 뜨는 시대

단위 오류로 인해 1,500억 원의 우주 탐사선 폭발

1999년 미항공우주국(NASA)은 1억 2,500만 달러(당시 환산 금액 약 1,500억 원)를 투입해 화성으로 무인 기후궤도탐사선을 보냈습니다. 하지만 이 탐사선은 화성에 도착한 직후, 폭발해 버렸습니다.

이 사고는 제작사인 록히드 마틴은 탐사선 운항 자료를 야드 단위로 작성했지만, NASA 제트 추진 연구소(JPL) 조종팀은 이를 미터 단위로 착각하여 발생한 사고였습니다. 이 때문에 JPL 조종팀은 예상보다 훨씬 낮은 궤도에 탐사선을 진입시키게 되었고, 우주선은 대기권과의 마찰을 견디지 못해 이내 폭발하였습니다. 이 어처구니없는 일이 거대한 과학 조직인 나사에서 일어났습니다.

단위는 서로 간의 약속이며, 과학에서는 특히 중요한 소통 수단입니다. 일종의 언어라고 할 수 있습니다. 그래서 전 세계의 사람들은 단위를 통일하기 위해 미터법을 만들었습니다만, 아직도 각 나라별로 사용하는 단위는 조금씩 다르기도 합니다. 표준은 단위에 대한 통일 욕구에서 시작되었지만, 지금은 이보다 고차원적 소통을 위해 다양하게 뻗어 가고 있습니다.

인류가 추구하는 고등 생활이 말과 글에서 시작한 것처럼 우리는 '공통의 표준'이라는 상호 원활한 소통을 위해 노력하는 시대를 살고 있습니다. 자, 이제 표준에 대해 조금씩 알아볼까요?

지금은 글로벌 시대이니까요.

표준 = 소통

그림 1 화성.
1999년 미항공우주국 나사의 화성 탐사선이 화성에 착륙을 시도했으나, 소통의 오류로 폭발하고 말았습니다.

전기차 충전기 표준 근황

2023년 6월 9일 기사에서 대대적인 보도가 나왔습니다.
"미국 전기차 업체 테슬라가 슈퍼차저 시설을 GM 전기차에 개방한다."

테슬라의 슈퍼차저 네트워크는 전 세계적으로 4만 5,000개 이상의 충전기를 보유하고 있는데, 북미충전표준(NACS)과 DC콤보(CCS1) 플러그에서도 충전이 가능한 새 어댑터를 사용하여 경쟁사 전기차들도 테슬라의 네트워크를 이용할 수 있도록 개방한 것입니다. 이후 포드는 2024년부터 포드 전기차가 NACS 어댑터를 통해 슈퍼차저를 이용하기 위한 테슬라와의 파트너십을 맺었습니다.

전기차 시장은 유럽과 중국이 가장 큰 시장입니다. 북미는 별도의 지역처럼 녹립석으로 움직이고 있었으나, 유럽과 아시아 국가에서 북미의 전기차 충전 표준을 도입한다는 것은 획기적인 변화를 의미하며, 상호 간 호환을 통해 전기차 이용이 전 세계 어느 곳에서든지 편리한 방향으로 나아간다는 것을 의미합니다.

2023년 10월 5일 현대자동차와 기아가 미국과 캐나다에서 전기차에 NACS를 도입한다고 발표하였습니다. 다음 날 2023년 10월 6일 기사에는 북미의 전기차 충전 표준이 'CCS1'에서 'NACS' 방식으로 일원화하기로 하였다는 발표가 나왔습니다. 이후 잇따른 기업에서

NACS를 탑재하기 시작했습니다. 같은 달 17일에는 BMW 그룹에서는 북미용 전기차에 NACS를 탑재하기로 하였습니다.

　한마디로 한 전기차 업체가 전기 충전기의 표준을 활용하여 전 세계의 파급력을 끼치게 된 것입니다. 이 파급력은 표준의 힘을 보여 준 한 사례입니다.

그림 2 CCS1(Combined Charging Standard 1) DC 충전기.

CCS는 북미에서 사용되는 전기차 충전 표준입니다. 이러한 커넥터는 IEC 62196 표준의 연장에 해당합니다. CCS를 제공하는 자동차 회사로는 우리가 아는 대다수의 자동차 회사를 떠올리면 됩니다. (출처: 위키피디아)

그림 3 전기차 충전.
지금 우리는 전 세계의 충전기가 호환되는 시기를 살고 있습니다.

기술의 시대, 표준의 필요성

인간의 삶에 필요한 기술은 하루가 다르게 발전하고 있습니다. 우리는 AI 로봇이 서빙하는 시절을 살고 있으며, 상용화 우주 로켓이 나와 곧 많은 사람들이 이용할 수 있는 시기가 다가올 것입니다. 무인 택시와 무인 드론이 세상을 누비는 시기는 점차 빠르게 다가오고 있고, 수많은 전자 기기와 헬스 제품이 매일 새롭게 출시되고 있습니다. 방사선 치료 기기 및 첨단 의료 기술 분야도 환자와 의료진의 요구에 맞추어 빠르게 진보하고 있습니다.

"필요는 발명의 어머니입니다."

우리는 삶이 보다 더 편안해질 수 있고, 보다 행복해질 수 있는 기술을 추구하며 변모하고 있습니다. 이전의 기술은 보다 나은 안전과 편리성을 위해 매일, 매년 개선되고 있습니다. 게다가 과거와 달리 우리의 삶은 전 지구가 마치 하나처럼 움직이는, 비행기로 전 세계 어디든 하루 안에 갈 수 있는 1일권 글로벌 세상을 살고 있습니다. 비록 우리의 언어는 서로 다르지만, 공통의 기술을 활용하여 국가의 장벽을 허물고 있는 현실을 살고 있는 것입니다.

그림 4 우주 로켓 시대.
가까운 미래에 사람들을 수송하는 우주 로켓 시대가 오게 된다면, 다양한 우주 운송 기관의 표준이 새롭게 만들어지게 될 것입니다.

표준화란

표준화(Standardization)란 일상적이고 반복적으로 일어날 수 있는 문제를 현재 주어진 여건하에서 최선의 상태로 해결하는 방안을 말합니다. 이러한 활동을 위해서는 합리적인 기준이 필요합니다.

이 기준이 바로 표준(Standards)입니다. 많은 사람들은 표준을 마치 과학자 및 기술자의 전유물로 착각하지만, 모든 기술의 사용자는 사람이기 때문에 어느 전문가 집단만 표준을 소유할 수 있는 것은 아닙니다. 그래서 표준화란 우리의 삶에 영향을 미칠 수 있는 모든 문제를 다루고 있으며, 공동체의 이익을 최적화하기 위해서는 총괄적인 사항을 발견하고 취합하는 과정을 거쳐야만 하기에 인류가 가진 고등 기능인 '협업'이 필요합니다.

이 협업, 그리고 표준화란 여러 가지 상황에 대한 사고 훈련의 과정이 들어가며, 엔지니어의 기술력과 더불어 **인류 복지를 위한 기술철학**이 함께 녹아 들어갑니다. 궁극적으로 표준화란 인류 공동체의 복지를 위하는 방향으로 향하고 있습니다.

그림 5 표준화는 인류 공동체의 복지를 추구합니다.

규정 혹은 규격과 표준

　세상에는 언제나 새로운 물건이 나옵니다. 제조자가 어떤 물건을 만들면, 물론 제조자가 의도한 목적이 있지만 간혹 소비자는 의도한 목적 이외의 사용을 하기도 합니다. 제조자가 그러한 것을 모두 예측하고 안내하기란 불가능합니다. 그럼에도 불구하고 제조자는 주어진 현 상황에서 소비자의 안전에 대한 고민을 치열하게 해야 합니다. 그것이 바로 '기술 윤리'입니다.

　이런 면에서 표준은 규정 혹은 규격이라는 의미로 쉽게 바뀌어 사용할 수 있습니다. 우리가 흔하게 접하는 가전제품, 인터넷, 교통 신호, 도로 표지판, 길이나 부피의 단위, 통신 신호 체계, 유통, 서비스 등 우리의 일상은 다양한 표준에 따라 움직이고 있습니다. 때때로 어떤 표준들은 간혹 '규정' 혹은 '규격'이라는 이름으로 이미 우리의 삶에 완전히 들어와 있기도 합니다.

　지금의 전 세계는 실시간으로 소통할 수 있어서 어제 출시된 해외 제품이 오늘 한국에서 '직접 구매'와 같은 경로를 통해 개인에게 쉽고 빠르게 다가갈 수 있습니다. 제품과 서비스의 영향력이 예전보다 더욱 크고 빨라지고 있기에 그에 맞는 규정이 필요하다는 생각이 드는 시대입니다.

그림 6 표준과 규정.
표준은 소통을 증대하기 위해 필요하며,
국가별 요구 사항에 따라 규정이 되는 일이 흔합니다.

호환의 필요

만약 누군가 그 제품의 호환성을 요청한다면, 사용자가 그만큼 다양해졌다는 뜻입니다. 그렇기에 우리는 국제적인 규격에 대해 고민해야 합니다. 예를 들어, 핸드폰을 모니터나 TV에 연결했을 때, 그 화면이 자유자재로 크기가 바뀌며 전화되는 사례나, 전 세계 어느 곳에서나 로밍이 되는 핸드폰이나, 220V를 110V로 바꾸어 사용하거나 하는 일들이 일상에서 일어나고 있습니다. 우리는 점차 국제적으로 호환이 가능한 시대를 살고 있는 것입니다.

컴퓨터의 경우 윈도우 98, XP를 거쳐 지금은 윈도우 11까지, 소프트웨어가 지속적으로 변화했습니다. DICOM 등의 영상 규격도 이제 어느 컴퓨터에서나 쉽게 읽어 낼 수 있게 되었습니다. 즉, 다양한 소프트웨어와의 호환성을 얻기 위해 전 세계 표준의 규모가 점차 커지고 강해지고 있는 것입니다. 호환을 통해 편리성이 증대된 표준은 경제에 더욱 큰 영향을 미치고 있습니다.

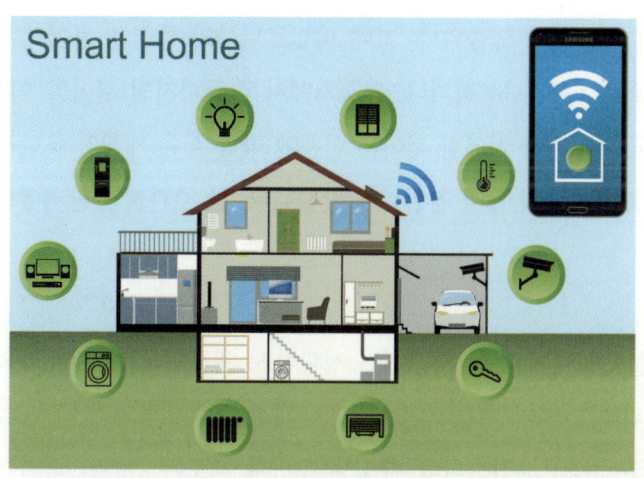

그림 7 호환성의 시대.

핸드폰, 컴퓨터, TV, 빔 프로젝터 등에 문서와 영상을 띄우고 호환하는 일은 이제 일상이 되었으며, 스마트 홈으로 많은 가전제품이 연결되는 세상을 살고 있습니다. 이와 같이 편리한 일들을 구현하기 위해서는 호환을 위해 무수히 많은 시행착오와 규격을 설정하는 과정이 이루어집니다.

도량형 통일은 표준의 일환

우리나라의 통일된 도량형 제도는 매우 오래전부터 있었던 것으로 추측되지만, 실제 남겨진 문헌상으로는 1894년 갑오개혁에 그 내용이 자세히 보고되어 있습니다. 고대 바빌로니아와 중국은 물건의 길이를 재기 위해 손을 사용하거나, 팔꿈치에서 손끝까지의 길이를 이용하였습니다. 그렇지만 이러한 길이는 인종에 따라 혹은 개개인에 따라 변이가 크고 정확하지 않아 분란이 많았습니다. 참 주관적인 단위였던 것입니다.

국가의 권력이 컸던 시기에는 정확하게 세금을 걷고 지배력을 강화하기 위해 만인이 따를 수밖에 없는 객관적인 부피와 길이 단위의 공통 기준이 중요해졌습니다. 통일된 도량형 제도는 강력한 국가 권력에 의해서 발전되었고, 그 주변의 후진국은 이러한 제도를 수용적으로 받아들여야만 했습니다. 이 도량형 제도를 표준이라고 바꾸어 본다면, 지금 표준을 받아들이지 않고, 노력하지 않는 나라는 후진국이 될 수밖에 없다고 할 수밖에요.

그림 8 갑오개혁 군국기무처 회의 장면.
구한말 화가 조석진의 그림.

리튬 건전지 사례

요즘 흔하게 사용하는 건전지는 모양이 참 다양하고 에너지원도 다양합니다. 건전지 중에서도 레이저 포인터나 아이들의 장난감에 흔히 사용하는 동전 모양 리튬 건전지의 포장은 떼기가 참 힘듭니다. 사실 가위가 없으면 이 포장지를 잘라 낼 수가 없습니다.

"아니, 왜 이렇게 빡세게 포장을 한 거지?"
하며 다들 불편을 느꼈던 적 여러 번 있었을 겁니다. 포장에 대해 궁금함이 느껴져서 그 이유를 한번 살펴보았습니다.

동전 모양의 리튬 건전지가 발명되고 전 세계에서 어마어마한 양이 사용되었습니다. 그런데 매년 수백 명의 아이들이 리튬 건전지를 삼키는 사고가 발생했습니다. 특히 어린 아이들의 경우, 리튬 건전지를 호기심에 먹는 일이 빈번했고, 아이가 삼킨 리튬 건전지는 식도에 걸려 화학 반응을 일으키며 식도에 구멍까지 내게 되었습니다. 2시간 안에 이 건전지를 빼내야 하니 바로 응급실로 가야 하지만, 때때로 시간 내에 해결할 수 없는 환경에 있던 어린이들은 식도를 꿰매야 하는 큰 수술을 해야 하기도 했습니다.

지금은 이러한 어린이 사고를 줄이기 위해 리튬 건전지에 쓴맛이 나는 물질을 도포하여 아이들이 먹으면 바로 뱉어 낼 수 있도록 개선되

없습니다. 포장지 또한 이중으로 잠겨 있어 가위로 뜯지 않으면 열 수 없습니다. 즉, 어린이 안전을 위해 포장을 뜯기 힘들게 바꾸었던 것입니다.

리튬 건전지는 ISO 9000 표준의 규정 요건을 맞추고 있습니다. ISO 9000 품질 경영 시스템(ISO 9000 family of quality management systems, QMS) 표준은 해당 조직이 고객 및 기타 이해관계자의 요구를 충족시키면서 제품 또는 서비스와 관련된 법적 및 규제 요구 사항을 충족하도록 지원하는 시스템 설계를 의미합니다.

그림 9 듀라셀 건전지 안전 포장 사례.
쓴맛을 내는 Bitrex포는 아이들이 건전지를 삼키지 않고 뱉도록 하기 위해 사용됩니다. 게다가 어린이가 혼자서는 포장지를 쉽게 뜯을 수 없도록 이중 포장을 하였으며, 포장지에는 어린이 손에 닿지 않도록 주의하라는 안전 문구를 표기했습니다. 이와 같은 방법은 안전에 대한 사회적 요구가 반영된 사례입니다.
(출처: ⓒ Duracell U.S. Operations, Inc. Used with permission)

어린이제품 공통안전기준

　이러한 사회적인 안전 분야에 대한 관심은 지속적으로 증가하고 있습니다. 이러한 분위기가 반영되어 우리나라는 2015년 산업통상자원부 고시 기반 '어린이제품 공통안전기준'을 만들었습니다. 적용 범위는 만 13세 이하의 어린이가 사용하거나 어린이를 위한 제품에 사용되는 부속품입니다. 위에 언급한 리튬 건전지 또한 아래의 요건을 따르도록 고시하고 있는 사례 중 하나입니다.

> ◆ 전기적 안전 요건 ◆
>
> 어린이제품에 포함되는 리튬 2차 전지(니켈계 전지는 제외)는 독립적인 제어 및 보호장치를 가져야 하며, 이에 대한 적합함을 확증해 주는 서류 즉, 「전기용품 및 생활용품 안전관리법」에 따른 안전확인신고증 명서, 국제공인 성적서(KOLAS 시험성적서, CB 성적서 및 인증서 등) 및 사용 충전기에 대한 전기용품 안전인증서를 비치하여야 한다.

그림 10 어린이 안전.
우리나라의 어린이제품 공통안전기준은
2015년 산업통상자원부 고시로 만들어졌습니다.

게임산업진흥에 관한 법률

그렇다면 우리가 흔히 하고 있는 컴퓨터 게임은 어떨까요? 게임산업진흥에 관한 법은 게임 산업의 기반을 조성하고 게임물의 이용에 관한 사항을 정하여 게임 산업의 진흥 및 국민의 건전한 게임 문화를 확립함으로써 국민 경제의 발전과 국민의 문화적 삶의 질 향상에 이바지함을 목적으로 합니다. 제8조 표준화 추진을 보면 정부는 게임물 관련 사업자에 대하여 산업표준화법에서 정한 것을 제외한 게임물의 규격 등 대통령령으로 정하는 사항에 관하여 표준화를 권고할 수 있다고 명시하였습니다. 즉, 우리는 새로운 게임을 배포할 때 공통의 규격으로 표기해야 하는 것입니다. 이 때문에 옛날과 달리 영화나 게임의 내용 정보 표시를 쉽게 찾아볼 수 있습니다.

국내에 유통하거나 이용 제공을 목적으로 제작된 모든 게임물은 게임의 기본 정보를 별도로 표시해야 합니다. 모든 게임의 이용자들은 이 게임과 관련된 정보에 쉽게 접근할 수 있어야 하며, 반드시 연령 등급의 확인을 가능하게 하여 사용자의 연령 등급에 맞는 건전한 게임 이용을 유도하도록 해야 합니다. 국제적 연합체에 해당하는 국제등급분류연합(IARC: International Age Rating Coalition)은 다양한 게임물의 등급을 분류하기 위해 만들어졌습니다. 등급 분류 설문은 국제 표준화를 통해 만들어졌으며, 이 시스템은 현재 구글, 마이크로소프트, 오큘러스 닌텐도 등에서 널리 사용하고 있습니다.

등급구분	이용등급	설명
(전체이용가)	전체이용가	누구나 이용할 수 있는 게임물
(12세이용가)	12세이용가	12세 미만은 이용할 수 없는 게임물
(15세이용가)	15세이용가	15세 미만은 이용할 수 없는 게임물
(청소년이용불가)	청소년이용불가	청소년은 이용할 수 없는 게임물
(TEST 평가용)	시험용	시험용 게임물
(등급연제)	등급연제	등급분류를 받지 아니하는 게임물

그림 11 **등급분류 PC/온라인/모바일/비디오 게임물.**
우리나라는 국제등급분류연합의 시스템을 이용하여
게임물의 연령 등급을 분류한 후 게임물에 표기하고 있습니다.
(출처: 게임물관리위원회)

게임물 표시 의무

사실 표준이라고 하면 매우 모호하고 잘 보이지 않으며, 우리와는 상관없는 일처럼 느껴집니다. 그렇지만 게임이라는 일상의 흔한 일조차 우리는 어떠한 공통의 표시가 필요하다는 것을 느낍니다.

우리나라에서는 '게임물 내용 정보' 표시를 의무화하여 게임의 특성인 선정성, 폭력성, 공포, 언어의 부적절성, 약물, 범죄, 사행성 등의 항목을 모든 사용자가 미리 확인할 수 있도록 하고 있습니다. 이러한 내용은 청소년 보호가 목적이며, 특히 사행성 게임물을 모사한 성인용 게임에는 '운영정보표시장치'를 부착하도록 하여 성인용 게임에 대한 체계적인 관리의 법률적인 근거를 제공하고 있습니다. 사회를 안전하게 지키기 위한 여러 사람의 노력이 있어야 우리는 지속적으로 인간다운 삶을 존속할 수 있습니다.

그림 12 게임물 내용 정보 등의 표시 의무.
표준이라고 하면 매우 추상적으로 느껴집니다.
우리의 일상 가까이에 있는 게임물의 표시를 공통화하고 합의하는 것도
표준화의 과정이라고 이해할 수 있습니다.
(출처: 게임물관리위원회)

윈도우

마이크로소프트의 윈도우는 마이크로소프트가 개발한 컴퓨터 운영 체제입니다. 애플은 개인용 컴퓨터에 그래픽 사용자 인터페이스(GUI)를 도입하였는데, 윈도우는 당시 널리 사용된 MS-DOS와 GUI가 서로 호환이 가능한 환경을 제공하기 위해 출시되었습니다. 윈도우가 시장 점유율이 매우 높은 이유는 사용자에게는 익숙하면서도 호환 가능한 응용 프로그램이 많아 편리하기 때문입니다. 반면 그만큼 보안 문제에 취약하여 많은 문제가 제시되고 있기도 합니다. 과거 윈도우 1.0에서부터 현재 윈도우 11에 이르기까지 많은 OS가 출시되었습니다. 윈도우 10 기준으로 2023년 시장 점유율은 70%가 넘는다고 합니다. 여기서 우리는 사람들의 마음을 읽을 수 있습니다.

세상은 무엇을 원할까요?

바로 쉽게 호환이 가능하면서도 보안이 철저한 제품입니다. 기존 소비자가 사용하는 컴퓨터에 새로운 제품을 이용할 수 있다면 비용을 줄일 수 있으니 사람들이 원하는 것입니다.

2. 국가표준기본법의 용어 정의

표준은 왜 법으로 정의했을까요?

국가법령정보센터

 사실 일상에서 우리가 법령을 찾아볼 일은 많지 않습니다. 대다수에게 법이란, 문제가 생겼을 때 들여다보는 분야이기 때문입니다. 하지만, 법은 꼭 문제와 관련된 것은 아닙니다. 사실 법이란 질서가 유지되는 사회에서 인간이 존엄성을 유지하며 삶을 안전하게 보장받기 위해 만들어졌습니다. 표준도 그와 마찬가지로 우리 삶에 질서를 만들어 줍니다. 즉, 믿을 만하고 공정하며, 안전한 생활 환경을 만드는 데 '표준'이 깊이 관여하는 것입니다.

 헌법은 최상위 법이며, 법률은 국회에서 제정합니다. 시행령의 경우, 시행을 위해 상세 내역을 규율하는 명령으로, 대통령령으로 제정합니다. 시행 규칙은 시행령에 대한 상세 내역을 규율하기 위해 실제 시행과 관련된 행정 부서에서 제정합니다. 즉 아래로 내려갈수록 실무적으로 필요한 구체적인 내용을 담고 있습니다.

그림 13 공정.
인간의 존엄성을 유지하고 사회의 질서를 위해
우리는 '공정한 세상'을 바라고 노력합니다.

우리나라의 표준기본법

한국은 1980년 헌법에 표준제도 확립을 선언하였으며, 1999년 「국가표준기본법」을 제정하여 국가 차원에서 국가표준체계 혹은 국가품질인프라를 확립하여 운영 중입니다. 국가표준체계를 확립하고 운영할 때에는 중요한 세 가지가 있는데, 표준화, 측정학, 적합성평가가 바로 그것입니다.

표준화는 제품 및 시스템의 품질 요건을 기술 기준을 포함한 성문표준 등으로 문서화하는 모든 것을 포함합니다. 측정학은 표준화 또는 적합성평가를 위한 과학기술적 근거를 제공합니다. 적합성평가는 위의 두 가지 요소를 바탕으로 시험, 검사 등을 통해 기술적 요건을 확인하는 활동입니다. 이러한 것이 잘 확립된 사회는 무엇이 좋을까요?

제조자는 좋은 제품을 만들고, 제품은 표준에 따라 안전 및 성능, 절차 등 객관화되어 있는 과정에 따라 검열됩니다. 개개인은 표준에 따라 안전하게 만들어진 제품을 믿고 살 수 있습니다. 즉, 신용이 있는 아름다운 환경이 되고, 그 신용은 국내뿐만이 아니라 국제적으로 널리 퍼진다는 뜻입니다. 그리고 제조자와 소비자는 함께 그 신용의 가치를 더욱 높일 수 있습니다. 표준은 보이는 과정뿐 아니라 보이지 않는 과정까지, 그 안에는 기술과 신뢰의 가치를 포함합니다.

국가표준기본법은 법률 제15643호이며, 국가표준기본법 시행령은 대통령령 제31380호로 최근까지도 개정되고 있습니다. 해당 내용은 국가법령정보센터의 홈페이지에 들어가면 자세하게 볼 수 있습니다.

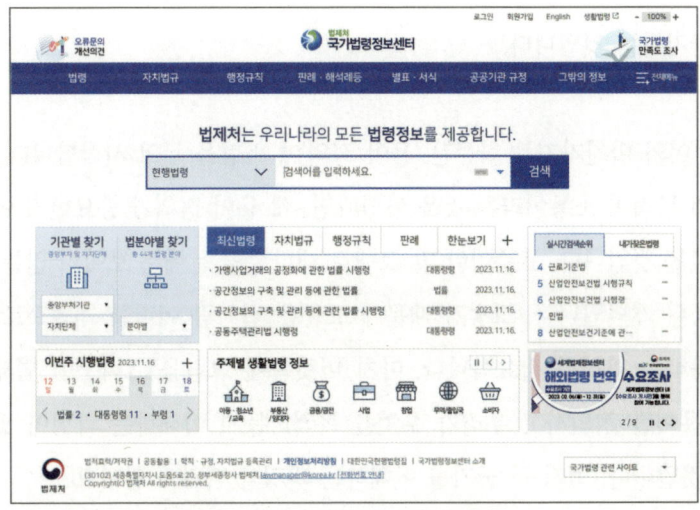

그림 14 국가법령정보센터 홈페이지.
우리나라의 모든 법을 다 살펴볼 수 있습니다.

법제화의 시작 '국가표준기본법'

전 세계는 자국 제품으로 국가 경쟁력을 높이기 위해 큰 노력을 하고 있습니다. 이의 일환으로 우리나라는 2009년 4월 1일 국가표준기본법을 개정하였습니다. 이 법의 목적은 국가표준제도의 확립을 위한 기본적인 사항을 규정함으로써 과학기술의 혁신과 산업구조 고도화 및 정보화 사회의 촉진을 도모하여 국가경쟁력 강화 및 국민복지 향상에 이바지하는 것입니다.

언어와 마찬가지로 학문은 '용어 정의'에 바탕을 두고 시작합니다. 표준의 목적이 소통이라는 것을 아셨다면, 왜 용어 정의가 중요한지 이해하셨을 것입니다. 표준이란 말 그대로 대다수의 눈에는 보이지 않는 추상화된 개념입니다. 그렇기 때문에 표준은 법처럼 어떠한 개념으로 구제화하는 과정이 필요합니다. 마치 머릿속에 그림을 그리듯이 법제화된 용어를 정의하고 우리가 무엇을 목적하는지 이해하는 과정이 필요한 것입니다. 먼저 큰 줄기를 이해하는 과정을 따라가 볼까요?

그림 15 표준의 문서화.
표준화의 결과물은 모두 문서에 의해 완성됩니다.

Designed by macrovector / Freepik

용어의 정의

다음은 국가표준기본법에서 정의한 용어를 살펴보겠습니다.

국가표준

"국가표준"이란 국가사회의 모든 분야에서 정확성, 합리성 및 국제성을 높이기 위하여 국가적으로 공인된 과학적·기술적 공공기준으로서 측정표준·참조표준·성문표준·기술규정 등 이 법에서 규정하는 모든 표준을 말한다.

「국가표준기본법」 제3조(정의) 1항

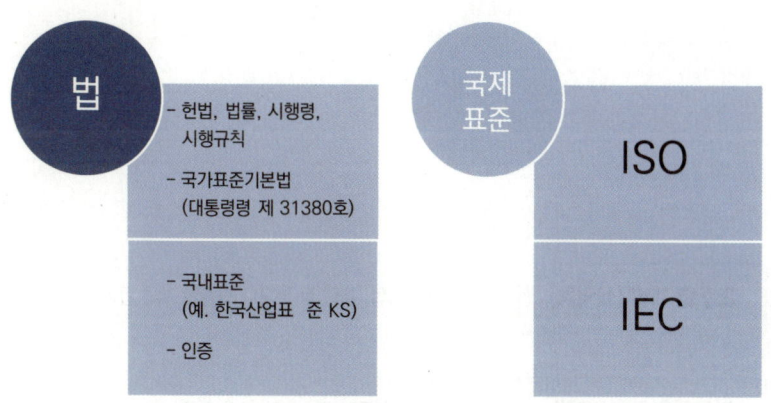

그림 16 개념도.

법은 강제성을 가지며, 규범적인 속성을 갖습니다. 국제표준은 각 국가에서 국내표준으로 채택했을 경우, 규정적인 속성을 갖습니다. 그러나 지금처럼 무역이 활발한 상황에서 국제표준과 국내표준이 서로 다르다면 해외 수출에 장애가 발생할 수 있습니다. 이것을 달리 말하면 표준은 무역 장벽으로 작용한다는 뜻이고, 국내 산업의 걸림돌이 된다는 뜻입니다. 이 때문에 국내에서는 해외 시장 진출 및 비관세 무역 장벽을 극복하고자 '범부처 참여형 국가표준 운영체계'를 도입하여 국가표준(KS) 중 의료 제품 분야 표준 및 관련 기술위원회/분과위원회(TC/SC)를 식약처로 이관 후 재정비하고자 노력하고 있습니다. 또한, 국제표준 과정에 대한민국이 적극적으로 참여할 수 있도록 환경을 조성하고 있습니다. 기술위원회는 실질적인 표준 작성 담당을 하며, 분과위원회는 기술위원회 산하에서 좀 더 세부적인 작업을 수행합니다.

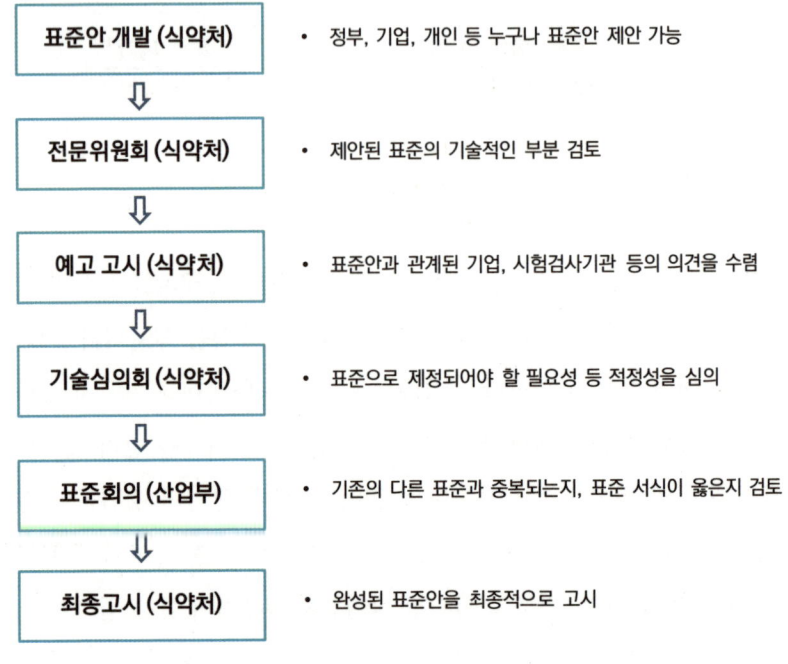

그림 17 국가표준 KS 제·개정 절차.
(출처: 식품의약품안전처 국가표준 개요 홈페이지)

국제표준

"국제표준"이란 국가 간의 물질이나 서비스의 교환을 쉽게 하고 지적·과학적·기술적·경제적 활동 분야에서 국제적 협력을 증진하기 위하여 제정된 기준으로서 국제적으로 공인된 표준을 말한다.

「국가표준기본법」 제3조(정의) 2항

그림 18 대표적인 국제표준화 기구 IEC와 ISO 로고.
IEC는 International Electrotechnical Commission,
ISO는 International Organization for Standardization의 약자입니다.
(출처: IEC, ISO)

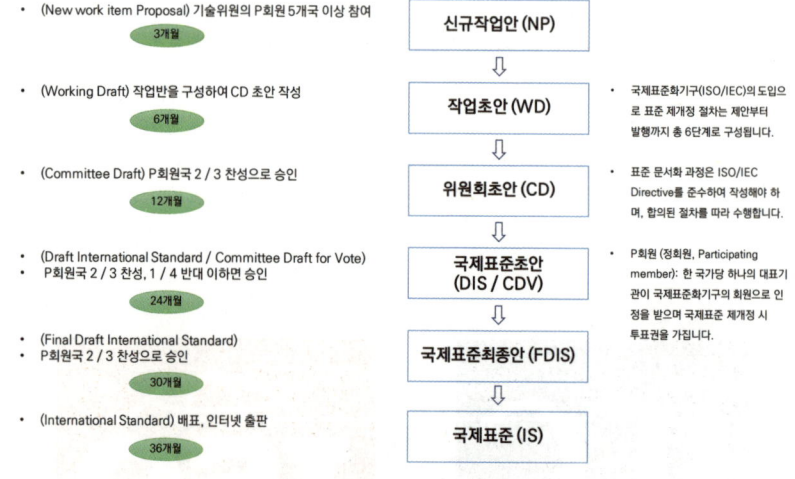

그림 19 국제표준 (IS) 제·개정 절차.
하나의 표준이 나오기까지는 각 절차마다 일정 시간이 소요됩니다.
표준을 제안하고 합의를 거쳐 완성된 표준이 나오기까지 5~7년이
걸린다고 할 때, 사회적 필요성이 떨어진 표준의 경우에는 간혹 표준을
만드는 과정에서 사장되기도 합니다!
(참조: 식품의약품안전처 국가표준 개요 홈페이지)

측정표준

"측정표준"이란 산업 및 과학기술 분야에서 물상상태(物象狀態)의 양의 측정단위 또는 특정량의 값을 정의하고, 현시(顯示)하며, 보존 및 재현하기 위한 기준으로 사용되는 물적척도, 측정기기, 표준물질, 측정방법 또는 측정체계를 말한다.

「국가표준기본법」 제3조(정의) 3항

정확한 측정, 보편적 측정이 사회에 미치는 영향은 매우 큽니다. 정확한 값을 가치로 환산하며 교환을 하는 현대 사회에서 그 가치의 공정함은 바로 정확한 측정에서 나옵니다.

언어는 달라도 개념은 같은 세상

인류의 소통 방법 중의 하나인 '과학'은 이제 우리가 살고 있는 지역을 넘어 전 지구적인 영역으로 확장되고 있습니다. 지금 우리는 길이, 질량, 시간, 온도 등에 대한 공정하고 효율적인 표준을 사용하게 되어 인류사에 물질문명을 개선하는 시대를 살고 있습니다.

최근 글로벌화가 가속화되어 상업 거래, 금융 및 소비자 보호 등 경제적 목적에서도 표준의 중요성은 더욱 강조되고 있습니다. 또한, 질병의 진단, 환경의 보존, 합리적인 자원의 사용까지 지속 가능한 인류의 발전을 위해 측정 기술의 표준은 더욱 필요해지고 있습니다.

측정표준은 이러한 측정의 정확성을 보장하는 기준입니다. 예를 들어 한국 표준시(UTC(KRIS))는 전 세계의 시각 표준인 협정 세계시(UTC)와 2,000만분의 1초(50ns) 이내로 정확히 유지하고 있으며 이것이 바로 그 나라의 기술력을 의미합니다.

그림 20 측정표준.
특정량의 값을 정의합니다.

Designed by macrovector / Freepik

국가측정표준

"국가측정표준"이란 관련된 양의 다른 표준들에 값을 부여하기 위한 기준으로서 국가적으로 공인된 측정표준을 말한다.

「국가표준기본법」 제3조(정의) 4항

그림 21 국가 공인.
대한민국에서 국가 공인이 되면 신뢰성을 갖습니다.

국제측정표준

"국제측정표준"이란 관련된 양의 다른 표준들에 값을 부여하기 위한 기준으로서 국제적으로 공인된 측정표준을 말한다.

「국가표준기본법」 제3조(정의) 5항

그림 22 국제측정표준.
국제측정표준은 국제적으로 공인되어 사용하는 값으로,
전 세계에 통용이 가능합니다.

참조표준

 "참조표준"이란 측정데이터 및 정보의 정확도와 신뢰도를 과학적으로 분석·평가하여 공인된 것으로서 국가사회의 모든 분야에서 널리 지속적으로 사용되거나 반복사용할 수 있도록 마련된 물리화학적 상수, 물성값, 과학기술적 통계 등을 말한다.

「국가표준기본법」 제3조 (정의) 6항

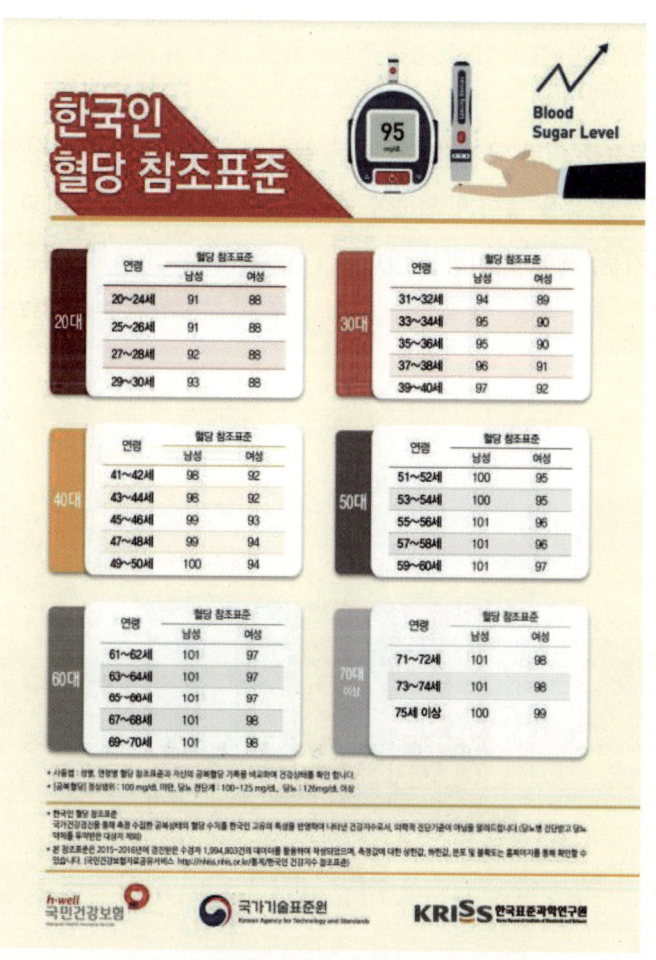

그림 23 참조표준 사례: 한국인 혈당 참조표준.
참조표준이란 우리가 흔하게 쓰는 검증된 물리화학적 상수나
함수, 통계 등을 포함합니다.
(출처 :국가참조표준센터)

성문표준

"성문표준"이란 국가사회의 모든 분야에서 총체적인 이해성, 효율성 및 경제성 등을 높이기 위하여 자율적으로 적용하는 문서화된 과학기술적 기준, 규격 및 지침을 말한다.

「국가표준기본법」 제3조(정의) 7항

그림 24 문서화.

기술규정

"기술규정"이란 인체의 건강·안전, 환경보호와 소비자에 대한 기만행위 방지 등을 위하여 제품, 서비스, 공정(이하 "제품등"이라 한다)에 대하여 강제적으로 적용하는 기준을 말한다.

「국가표준기본법」 제3조(정의) 8항

측정표준	참조표준	성문표준	기술규정
• 양 • 값 • 척도, 기기, 방법 등	• 물리화학적 상수 • 물성값	• 과학기술 기준 • 성문표준 • 규격 • 지침	• 제품, 서비스, 공정에 대한 강제적 적용 기준

그림 25 국가표준 종류.
국가표준기본법에서 규정하는 모든 표준을 말하며,
측정표준, 참조표준, 성문표준, 기술규정이 언급되어 있습니다.

측정

"측정"이란 산업사회의 모든 분야에서 어떠한 양의 값을 결정하기 위하여 하는 일련의 작업을 말한다.

「국가표준기본법」제3조(정의) 9항

그림 26 측정.
측정이란 값을 결정하는 작업을 의미합니다.

측정단위

"측정단위" 또는 "단위"란 같은 종류의 다른 양을 비교하여 그 크기를 나타내기 위한 기준으로 사용되는 특정량을 말한다.

「국가표준기본법」 제3조(정의) 10항

그림 27 보츠와나 부족의 길이 표현.
측정단위란 인간이 발명한 최초의 도구이자, 교환 가치를 만들 수 있는 기본 수단이었습니다. 원시 부족부터 현대까지, 측정하기 위한 노력은 인류의 발전에 큰 영향을 주었습니다.

국제단위계

"국제단위계"란 국제도량형총회에서 채택되어 준용하도록 권고되고 있는 일관성 있는 단위계를 말한다.

「국가표준기본법」 제3조(정의) 11항

'국제단위계' SI는 프랑스어 'Le Systeme Intenational d' Unites'에서 온 약어입니다. 1874년 과학 분야에서 사용하기 위해 도입된 CGS계(센티미터, 그램, 초)는 다음 해 17개국이 미터협약에 합류하여 국제적인 체계가 되었습니다.

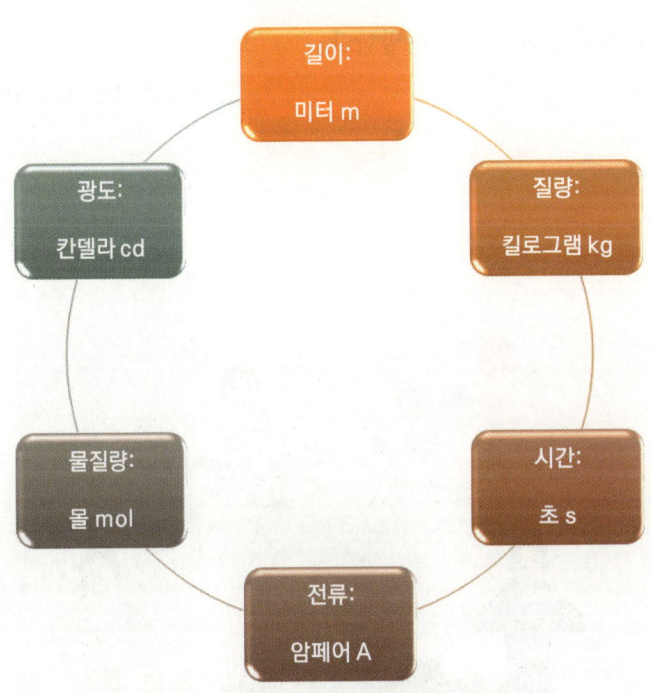

그림 28 국제단위계(SI) 기본 단위.
길이, 질량, 시간, 전류, 물질량, 광도 등 7개의 기본 단위가 정해져 있습니다.

계량

"계량"이란 상거래 또는 증명에 사용하기 위하여 어떤 양의 값을 결정하기 위한 일련의 작업을 말한다.

「국가표준기본법」 제3조(정의) 12항

그림 29 계량.
증명에 사용하는 양의 값을 결정하는 일련의 작업을 말합니다.

법정계량

"법정계량"이란 정확성과 공정성을 확보하기 위하여 정부가 법령에 따라 정하는 상거래 및 증명용 계량을 말한다.

「국가표준기본법」제3조(정의) 13항

법정계량이란 국민이 속지 않고 살기 위한 기본권을 확보하려는 노력의 결과입니다. 우리 사회의 질서를 만들기 위해서는 정확하고 신뢰성 있는 계량 측정의 과정이 필요합니다. 한 나라의 계량 측정이 믿을 수 있을 때 우리 경제 질서는 유지되며, 상거래가 더욱 건강하게 번창합니다. 더불어 이를 증명할 법률적, 행정적 및 기술적인 절차가 이루어져야 합니다. 현대 사회에서는 법정계량을 기반하여 상거래 및 증명용 계량이 손쉽게 이루어지고 있습니다.

예를 들어 주유소의 주유기는 법정계량기에 해당하며, 이를 조작하거나 훼손하는 경우 3년 이하의 징역이나 과징금을 부과합니다. 산업부에서는 사회 질서를 유지하기 위해 법정계량기 관리에 노력하고 있습니다.

판수동 저울

가스미터

온수미터

요소수 미터

그림 30 법정계량 사례.
법정계량은 사회적 질서를 유지하기에 매우 중요합니다,

우리 일상에서 요금을 부과하는 주요한 것들은 법정계량기로서 형식승인 및 검정 대상 기기로 분류되어 있습니다.

◆ 형식승인 및 검정 대상 계량기의 종류 ◆

1. 비자동 저울
   가. 판수동 저울
   나. 접시지시 및 판지시 저울(최대용량이 2㎏ 이하로서 저울 또는 명판에 가정용, 교육용 또는 참조용으로 표기되어 있는 것을 제외한다)
   다. 전기식지시 저울(①최소눈금 값이 10㎎ 미만인 것, ②검정 눈금수가 100 미만 또는 200,000 초과인 것, ③최대용량이 1㎏ 이하로서 저울 또는 명판에 가정용, 교육용, 참조용으로 표기되어 있는 것, ④체중계로 표기되어 있는 것은 제외한다)
2. 분동(E1 등급의 분동은 제외한다)
3. 가스미터(최대유량이 1,000㎥/h 이하인 것에 한정한다)
4. 수도미터(호수구경이 350㎜ 이하인 것에 한정한다)
5. 온수미터(호수구경이 350㎜ 이하인 것에 한정한다)
6. 오일미터(호수구경이 100㎜ 이하인 것에 한정한다)
7. 주유기(자동차 주유용에 한정한다)
8. 요소수미터(자동차 주입용에 한정한다)
9. LPG미터(자동차 충전용으로 호칭구경이 40㎜ 이하인 것에 한정한다)
10. 눈새김 탱크(유류거래용에 한한다)
11. 적산열량계(호.칭구경이 350㎜ 이하인 것으로서 열매체가 액체인 것에 한정한다)
12. 전력량계
13. 전기자동차 충전기

출처: 국가기술표준원 정책 법정계량제도

구분	사용해야 하는 단위 [법정계량단위]	사용금지 단위 [비법정계량단위]	비고 [환산단위]
길이	• 미터 (m) • 센티미터 (cm) • 킬로미터 (km)	• 자, 마, 리 • 피트, 인치 • 마드, 야일	• 1 자 = 30.303 cm • 1 피트 = 30.48 cm • 1 인치 = 2.54 cm • 1 마일 = 1.609 km • 1 야드 = 91.4 cm
넓이	• 제곱미터 (m^2) • 제곱센티미터 (cm^2) • 헥타아르 (ha)	• 평, 마지기 • 정보 및 단보 • 에이커	• 1 평 = 3.305 m^2 • 1 정보 = 9,917 m^2 = 0.009 km^2
부피	• 세제곱미터 (m^3) • 세제곱센티미터(cm^3) • 리터 (L 또는 l)	• 홉, 되, 말 • 석, 가마 • 갤런	• 1 되 = 1.8 L = 1,803.9 cm^3 • 1 말 = 18 L = 18,039 cm^3 • 1 갈론 = 3.78 L
무게	• 그램 (g) • 킬로그램 (kg) • 톤 (t)	• 근, 관 • 파운드, 온스 • 돈, 냥	• 1 근 = 600 g = 0.6 kg • 1 관 = 3,750g = 3.75 kg • 1 온스 = 28.349 g = 0.028 kg • 1 돈 = 3.75 g (1 냥 = 10 돈)

그림 31 계량단위표.

그림 32 음식점 돼지고기 판매 단위 표기.
몇 년 전만 해도 음식점에서 돼지고기를 1인분 혹은 1근에 얼마라는 가격으로 표기하던 시절이 있었습니다. 지금은 음식점에서 100g당 가격으로 판매를 하고 있으며, 이러한 법정계량단위 표기를 어길 경우 과태료 50만원을 물게 됩니다.

그림 33 아파트 평수 표기를 ㎡로 변경.

우리나라는 집의 면적을 표기할 때 '평'을 사용하곤 했습니다. 그러나 지금 집의 면적을 표기하는 방식은 제곱미터(㎡)로 통일되었으며, 평의 사용은 금지되었습니다. 과거에는 평을 재던 '척'의 장치가 있었으나, 지금은 이러한 계측 도구를 사용하지 않습니다. 지자체에서는 법정계량단위 표기를 다르게 할 경우 과태로 50만원을 물게 합니다.

표준물질

"표준물질"이란 장치의 교정, 측정방법의 평가 또는 물질의 물성값을 부여하기 위하여 사용되는 특성치가 충분히 균질하고 잘 설정된 재료 또는 물질을 말한다.

「국가표준기본법」 제3조(정의) 15항

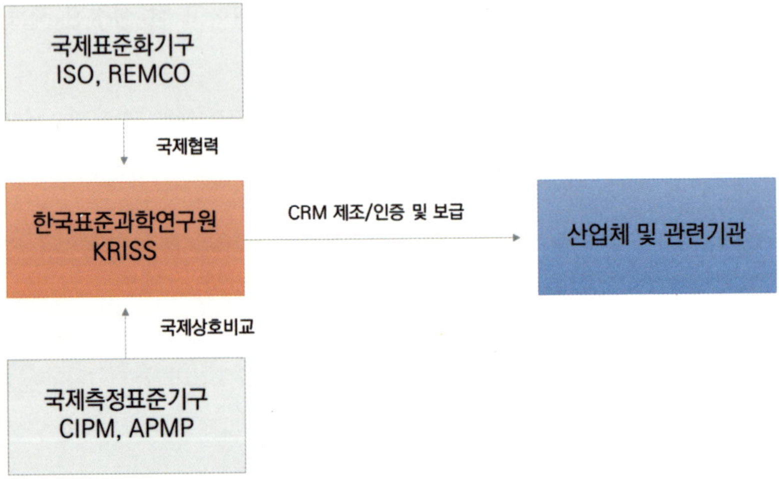

```
┌─────────────────┐
│   국제표준화기구    │
│   ISO, REMCO    │
└─────────────────┘
         │    국제협력
         ▼
┌─────────────────┐   CRM 제조/인증 및 보급   ┌─────────────────┐
│  한국표준과학연구원   │ ─────────────────▶│  산업체 및 관련기관  │
│      KRISS      │                      └─────────────────┘
└─────────────────┘
         ▲    국제상호비교
         │
┌─────────────────┐
│  국제측정표준기구   │
│   CIPM, APMP    │
└─────────────────┘
```

그림 34 인증표준물질의 소급성과 활용 체계.

우리나라의 측정법은 국제적으로 일치된 기준과 비교하여 사용하고 있습니다. 또한, 측정 결과는 국제적으로 인정된 표준에 소급성을 가질 수 있게 되어 국제적 동등성을 확보할 수 있습니다. 특히 화학 분석 등에서 매질 효과에 의한 간섭 등을 측정 절차에서 효과적으로 배제하였는지 검증하는 데 사용이 가능하며, 이 유효성 검증 절차는 시험기관의 품질 시스템 확립을 위해 필수적으로 이루어집니다.

화학조성 인증표준물질	물리적 특성 인증표준물질	공학적 특성 인증표준물질
• 01. 철금속	• 01. 이온활성	• 01. 입자특성
• 02. 비철금속	• 02. 고분자물질 특성	• 02. 표면특성
• 03. 미세분석용	• 03. 열역학적 특성	• 03. 치수
• 04. 고순도 표준시약	• 04. 광학적 특성	• 04. 비파괴 평가
• 05. 표준용액	• 05. 방사능	• 05. 화재연구
• 06. 무기재료 및 광물	• 06. 전기와 자기적 특성	• 06. 역학적 특성
• 07. 화공원료 및 화석연료	• 07. 정밀측정	• 07. 기타 공학적 특성
• 08. 식품 및 농업 관련물질	• 08. 세라믹 및 유리	
• 09. 환경오염물질	• 09. X-선 분광	
• 10. 보건 및 산업위생	• 10. 기타 물리적특성	
• 11. 임상 및 생화학 물질		
• 12. 가스		
• 13. 고분자		
• 14. 기타 화학조성		

그림 35 인증표준물질 품목 조회.

한국표준과학연구원(KRISS) 홈페이지를 들어가면 인증표준물질이 분류별로 나와 있습니다. 해당 소항목을 클릭해서 들어가면 다시 다양한 품목으로 나뉘며 필요한 목적에 맞추어 표준물질을 찾을 수 있습니다. 예를 들어 방사능 부분의 방사성용액(용액선원)을 찾은 후 H-3용액 방사능인증표준물질을 들어가 보면 10㎖의 액상선원으로 판매를 하고 있는 것을 알 수 있습니다.

교정

"교정"이란 특정조건에서 측정기기, 표준물질, 척도 또는 측정체계 등에 의하여 결정된 값을 표준에 의하여 결정된 값 사이의 관계로 확정하는 일련의 작업을 말한다.

「국가표준기본법」 제3조(정의) 16항

교정이란 결정값과 표준값 사이의 관계를 확정하는 일련의 작업입니다. 마치 퍼져 나간 빛과 원래의 빛이 무슨 관련이 있는 것처럼 관계를 설정한다면 정확한 값을 찾아 나갈 수 있습니다. 그 과정의 노력에 교정이 있습니다.

그림 36 크리스마스 광원.

소급성

"소급성(遡及性)"이란 연구개발, 산업생산, 시험검사 현장 등에서 측정한 결과가 명시된 불확정 정도의 범위 내에서 국가측정표준 또는 국제측정표준과 일치되도록 연속적으로 비교하고 교정(較正)하는 체계를 말한다.

「국가표준기본법」 제3조(정의) 17항

예를 들어, 어떠한 시험기관에서 저울로 물질 A의 중량을 측정했습니다. 그 측정값에 신뢰성이 있느냐 없느냐는 바로 측정한 기기의 신뢰성과 연관이 있습니다. 측정한 저울이 과학적으로 인정할 만한 오차 범위에 있는 장치이면서 주기적으로 교정을 받는다면 그 값은 신뢰성이 있을 것이라 기대합니다. 이러한 지속적인 노력이 소급성입니다.

그림 37 표준보급과 소급성 예시.
소급성이란 산업체의 측정 결과를 국가측정표준에 기반하여
지속적으로 교정하는 체계를 의미합니다.

시험·검사기관 인정

"시험·검사기관 인정"이란 공식적인 권한을 가진 인정기구가 특정한 시험·검사를 할 수 있는 능력을 가진 시험·검사기관을 평가하여 그 능력을 보증하는 행정행위를 말한다.

「국가표준기본법」 제3조(정의) 18항

적합성평가

"적합성평가"란 제품등이 국가표준, 국제표준 등을 충족하는지를 평가하는 교정, 인증, 시험, 검사 등을 말한다.

「국가표준기본법」 제3조(정의) 19항

즉, 적합성평가란 제품이나 서비스가 규정에 맞추어 잘 시행되는지 실증하는 것입니다. 우리가 아는 중요한 적합성평가로는 '시험', '의학', '교정', '검사', '제품인증', '시스템인증', '자격인증', '의료기기인증', '온실가스검증' 등 다양하게 있습니다. 각각의 평가 기준은 시험과 교정의 경우 ISO/IEC 17025, 의학은 ISO/IEC 15189, 검사는 ISO/IEC 17020으로 실험실(인증기관)에서 이루어집니다. 한편 제품은 ISO/IEC 17065, 시스템은 ISO/IEC 17021, 자격은 ISO/IEC 17024, 의료기기는 ISO/IEC 13485로 인증기관에서 시행됩니다. 온실가스는 ISO/IEC 14065는 검증 기관에서 이루어집니다. 그 외에도 많은 평가가 있고, 앞으로도 더욱 다양하게 만들어질 수 있습니다.

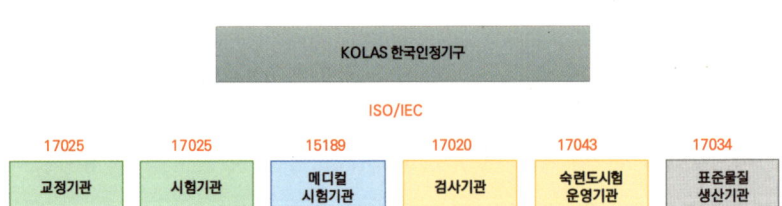

그림 38 한국인정기구와 중요한 적합성평가 사례.
이 외에도 다양한 ISO/IEC에 따라 평가가 이루어집니다.

그런데 여기서 '인증'과 '인정'이라는 단어가 나옵니다. 이 단어들이 어떤 의미인지 확인해 봅시다.

인증

인증이란 일종의 증명을 발행하는 것입니다. 증명을 발행할 수 있는 인증기관은 독립성을 유지해야 하며 제품을 제조하는 제조자 및 산업계는 규제 당국, 제조자, 소비자의 이해 균형을 위해 제3자 인증 시스템을 이용하게 되어 있습니다. 그렇다면 누가 인증기관의 권한을 부여할 수 있나요?

인정

적합성평가기관, 예를 들어 인증기관이 특정 적합성평가 업무를 수행하는 데 적격하다는 사실을 제3자에 의한 공식적 증명 발행으로 실증하는 것을 말합니다. 우리나라에서는 한국인정기구에서 인증기관에 권한을 부여합니다. 인정기관이 인증기관의 상위기관이라고 생각하시면 됩니다. 더불어 한국인증기관은 세계의 인정기구와 관련을 맺고 있습니다.

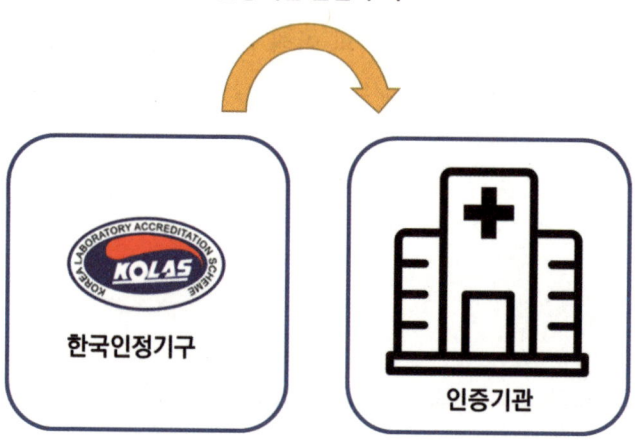

그림 39 인정기구와 인증기간의 관계 모식도.
인정기구는 적합성평가기관인 특정 적합성평가 업무 수행에 적합하다는 것을 공식적으로 증명 발행하는 기관입니다. 국내는 KOLAS로 한국인정기구가 있으며, 국제기구로는 ILAC(국제시험소인정협력), IAF(국제인정포럼), APLAC(아시아, 태평양시험소인정협력체), PAC(태평양지역인정협력체) 등이 있습니다.
(참조: 국가기술표준원 KOLAS의 로고 활용)

표준인증심사유형

"표준인증심사유형"이란 설계평가, 시험·검사 및 공장심사의 요소를 인증단계와 사후관리단계로 구분하여 체계화·공식화한 심사형태를 말한다.

「국가표준기본법」 제3조(정의) 20항

이 심사는 KS인증을 취득하기 위한 인증 단계와, 인증을 획득한 이후의 관리를 구분하고 체계를 갖추어 심사를 진행한다는 뜻입니다. KS인증을 획득한 업체는 유지 관리를 위한 심사가 있는데, 예를 들어 정기공장심사는 3년 주기로 시행합니다.

국가통합인증마크

"국가통합인증마크"란 안전·보건·환경·품질 등 분야별 인증마크를 국가적으로 단일화한 것을 말한다.

「국가표준기본법」 제3조(정의) 21항

그림 40 국가 의무 인증 KC마크로 통합.
KC는 Korea Certification의 약자이며, 기존의 복잡한 인증 제도를 단일화된 마크로 통합하여 기업과 소비자의 이해를 돕고 있습니다. 과거에는 각 인증기관마다 다른 마크를 사용하여 소비자 및 제조자에게 혼란을 주었습니다.
하지만 지금의 통일된 KC마크는 국가대표 브랜드로서 대한민국 제품이 세계적인 국가 경쟁력을 강화할 수 있도록 하기 위해 만들어졌습니다.
(출처. 국가기술표준원 홈페이지 정책정보 KC마크)

무역기술장벽

"무역기술장벽"이란 다음 각 목의 어느 하나에 해당하는 것으로서 국제무역에 장애가 되는 것을 말한다.
　가. 포장·표시·상표부착 요건을 포함한 성문표준 및 기술규정
　나. 가목에 대한 적합성평가를 위한 절차

「국가표준기본법」 제3조 (정의) 22항

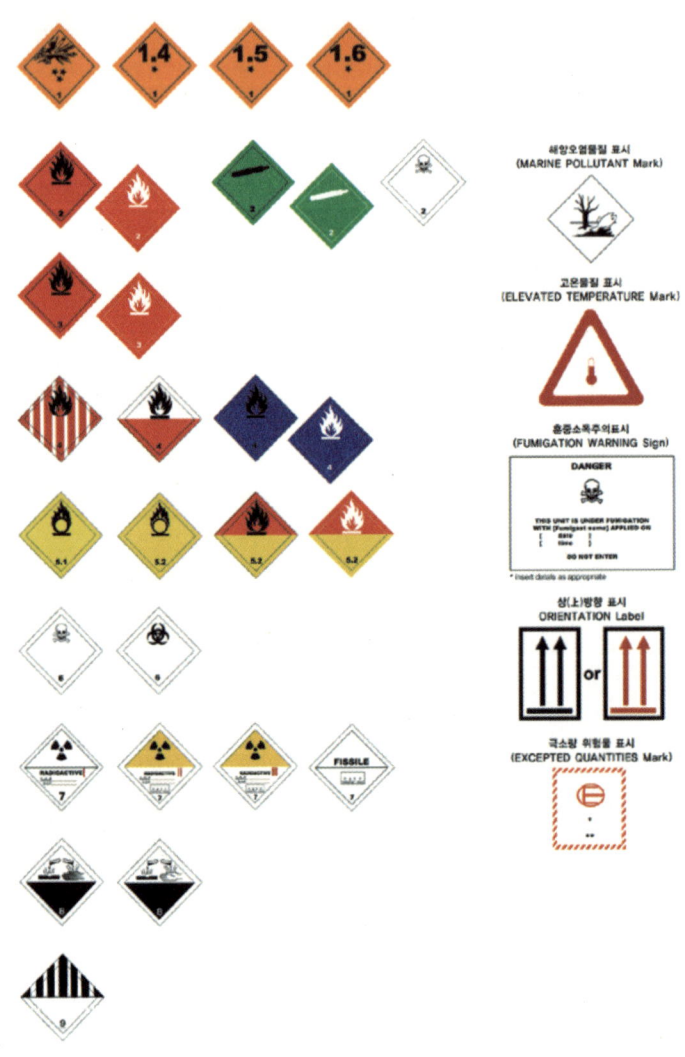

그림 41 위험물 표시 표찰.
2009년 개정판으로, 포장 시 활용합니다.
(출처: (사)한국공업포장협회)

무역기술장벽 해소를 위해 무엇을 노력하는가?

여러 나라들이 안전, 소비자와 환경 보호를 구실로 새롭게 기술장벽을 도입하고 있으며, 일부 규제는 외국 제품과의 경쟁을 회피하는 도구로 만들어지고 있습니다. 하지만 기술장벽 중에서도 제품 검사 시간이 지나치게 길게 걸리거나 시험 비용이 과다하거나, 국내 공인시험소 검사 결과를 불인정하는 사례가 있습니다. 그렇기 때문에 특정 제품이 기술규정과 표준에 부합하는지 여부를 판단하는 적합성평가절차는 불필요한 장애를 형성할 수밖에 없습니다. 따라서 국제표준에 부합하는 일은 매우 중요합니다.

기술장벽 남용을 방지하기 위해서는 ISO, IEC 등 국제기구 및 조직을 통해 국제표준 설정 및 적합성평가체계의 통일을 위해 노력하는 것이 중요하며, WTO TBT협정(Agreement on Trade Barriers to Trade)의 체결 및 이행 노력이 필요합니다. 이러한 필요성으로 인해 국제인정기구와의 협정이 시행되었습니다. 국가기술표준원이 운영하는 한국인정기구(KOLAS)는 국제인정기구(ILAC/APAC)와 체결한 상호인정협정(MRA)를 유지하기 위해 매 4년마다 정기적인 국제평가를 받고 있으며, 이전에도 통과하여 2021년부터 2024년까지 국제적인 신뢰성과 통용성을 인정받고 있습니다.

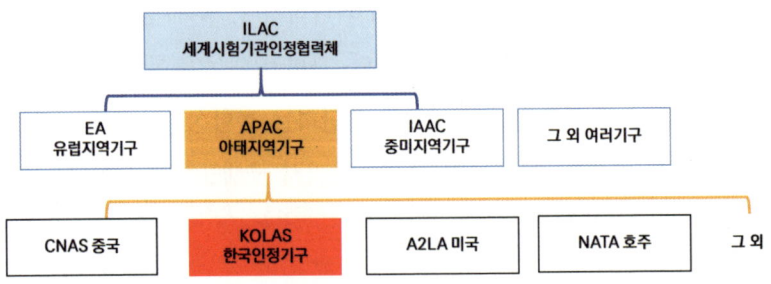

그림 42 국제인정기구 구조.

세계시험기관인정협력체는 유럽지역, 아태지역, 중미지역기구 등으로 이루어지며, 아태지역기구는 다시 각 나라별로 인정기구를 가지고 있습니다. 인정기구 산하에는 교정기관, 시험기관 등 다양한 성적서를 발급하는 기관을 포함하고 있습니다. 이러한 교정, 시험, 검사 성적서는 정부 기관, 연구 기관, 소비자, 구매자, 제조업체 등에 활용됩니다.

3. 국제전기기술위원회(IEC) 개요

자 이제, 여행을 떠나 보겠습니다.

당신은 세상 사람들을 매우 이롭게 할 수 있는 새로운 의료 기기나 전기·전자 기기를 만들었습니다. 그런데 기존의 방법으로는 당신의 제품을 검사할 방법이나 인증할 기준이 없네요. 그렇다면 당신이 만든 제품과 최대한 비슷한 제품의 검사 기준을 찾아보아야 합니다.

또한 당신은 이 제품을 국내에서도 팔고 싶지만, 해외에 수출하고 싶기도 합니다. 그런데, 도대체 어떻게 해야 할지 모르겠습니다. 물론 이럴 때 식품의약품안전처에 질의하여 의료 기기의 허가 방법을 알아내거나 제조자가 KC인증을 위한 접수 및 시험 성적서 과정을 문의할 수 있습니다. 혹은 인허가를 대행해 주는 컨설팅 업체를 이용할 수도 있습니다.

혹시 당신이 큰 꿈을 가진 사람이며, 국내의 좋은 제품을 전 세계 사람들도 쉽게 구입할 수 있도록 팔고자 한다면? 당연히 전 세계에서 인정받을 수 있는 국제표준에 관심을 가지는 것이 좋습니다. 간혹 인용할 시험 방법이 없다면, 당신이 직접 국제적인 전문가를 모아서 함께 검증할 방법을 만들고 합의하면 됩니다. 그 과정이 바로 국제표준을 만드는 과정입니다.

더 이상 대한민국만 보지 말고 전 세계를 바라보세요. 당신이 만든 제품 하나로 우리는 진정 글로벌을 경험할 수 있습니다! 자 이제, 어떻게 국제표준을 만들어 가는지 살펴볼까요?

그림 43 멀리 바라보는 능력.

국제전기기술위원회
(IEC, International Electrotechnical Commission)

전자 제품을 구매했을 때, 그 박스를 살펴보면 우리는 흔하게 'CE'라고 적힌 문구를 보곤 합니다. 이것은 유럽연합(EU) 이사회의 안전, 건강, 환경 및 소비자 보호의 지침을 모두 만족했다는 의미입니다. CE는 IEC 회원들이 만들어 낸 대다수의 결과물입니다. IEC는 우리 삶과 별로 관련이 없어 보였는데, 알고 보니 우리가 사는 일상은 IEC의 결과물로 둘러싸여 있습니다!

IEC 홈페이지를 들어가 보면 어떤 분야를 다루고 있는지 상세히 기술되어 있습니다. IEC는 **전기 및 전자 제품**의 고품질 인프라와 국제 무역을 뒷받침하는 글로벌 비영리 회원 조직입니다. IEC의 업무는 기술 혁신, 저렴한 인프라 개발, 효율적이고 지속 가능한 에너지 접근, 스마트 도시화 및 교통 시스템, 기후 변화를 완화하며, 사람 및 환경의 안전을 향상시키는 일을 지향합니다. IEC 작업은 UN 지속 가능한 발전 목표를 직접적으로 뒷받침합니다.

국제표준은 각 나라에서 위임한 수천 명의 기술 전문가들이 모여 합의와 지혜를 반영하는 과정을 통해 만들어집니다. IEC가 다루는 범위는 전기·전자 기기를 포함하는 장치와 시스템을 설계하고 설치하며, 시험 성적을 내는 과정을 포함합니다. 또한, 시험 인증을 유지하고 관리하며 및 장치를 수리하는 데 사용되는 지침이나 규칙 등을 정의하기도 합니다. IEC는 전자 기기뿐만 아니라, 통신, 및 최첨단 기술에 기반한 비즈니스 모델과 프로세스를 재정의하는 혁신 분야를 국제적으로 조정하기도 합니다. 해당 본부는 스위스 제네바에 위치해 있으며, 1906년 설립되었습니다.

그림 44 지속 가능한 발전.

국제표준화기구 ISO 소개

ISO는 상품 및 서비스의 국제적 교환을 촉진하고, 지적, 과학적, 기술적, 경제적 활동 분야에서의 협력 증진을 위하여 세계의 표준화 및 관련 활동의 발전이 목적입니다. 또한 표준 및 관련 활동의 세계적인 조화를 촉진시키기 위한 조치를 취하며, 국제표준을 개발·발간하고, 이 표준들이 세계적으로 사용될 수 있도록 노력합니다. 회원 기관 및 기술위원회의 작업에 관한 정보의 교환을 주선하며, 관련 문제에 관심을 갖는 다른 국제기구와 협력하고, 표준화 사업에 관한 연구를 통하여 타 국제기구와 협력합니다.

ISO에서 다루지 않았던 전기·전자 제품 분야에 대해서는 IEC와 상호 보완적인 관계로 협력하고 있습니다. 따라서, IEC와 관련된 제품을 개발하는 사람도 반드시 ISO의 직간접적 영향을 받게 되니 잘 살펴보면 좋습니다. 필자는 IEC 업무를 주요하게 수행하는 과정에서 국제표준을 바라보게 되었기 때문에 이 책에서는 ISO가 아닌 IEC의 방향으로 국제표준 업무를 살펴보겠습니다. ISO에 관련한 주요한 내용은 매우 간략하게만 언급하고자 합니다.

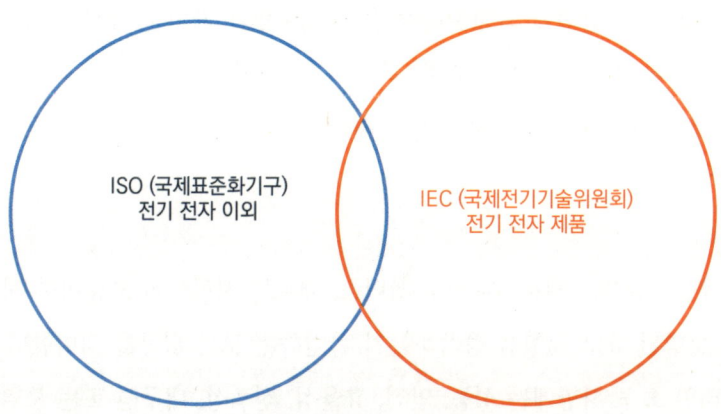

그림 45 국제표준 모식도.
국제표준과 관련된 일은 ISO와 IEC가 협력하여 진행하고 있습니다.
IEC가 전기·전자 분야에 특화되어 표준 업무를 진행하며, 그 외의 일은
ISO가 주요하게 관장합니다. 그러나 요즘에는 복잡하게 융합된 제품이 많아
ISO와 IEC가 협력하는 일이 증가하였습니다.

품질 관리를 위한 표준 추구

ISO와 마찬가지로, IEC의 국제표준은 우수한 품질의 제품을 생산하고 위기를 관리할 수 있는 기능을 추구합니다. IEC의 국제표준은 주로 기술 전문가가 사용하며, 이 표준 개발 또한 국제적으로 자발적인 전문가의 노력과 합의에 의해 이루어집니다. 이렇게 개발된 국제표준은 시험법이나 인증의 기초가 되며, 국가 또는 지역의 표준이 됩니다. 대표적으로 유럽 전기 및 전자 표준의 80%는 실제로 IEC 국제표준을 따릅니다.

적합성평가는 제품, 시스템, 서비스, 때로는 사람들이 표준이나 사양에 설명된 요구 사항을 충족하는지 확인하는 모든 활동을 의미합니다. 이러한 요구 사항에는 성능, 안전, 효율성, 신뢰성, 내구성 또는 오염이나 소음과 같은 환경 영향이 포함됩니다. 검증은 일반적인 시험 또는 인수 검사를 통해 수행됩니다. 여기에는 지속적인 검증이 포함될 수도 있습니다.

표준은 사회 질서를 유지하는 도구

법은 사회 질서를 유지하기 위해 만들어졌습니다. 그리고 법은 다른 글, 예를 들어 교과서나 소설처럼 시시콜콜하고 상세하게 사례를 적지 않습니다. 왜냐하면 이 글은 보편적 해석에 근원이 되어 사용되기 때문입니다. 다양한 사례는 법을 바탕으로 참조하여 분석됩니다. 마찬가지로 각 나라에서 필수 요소가 되는 기술규정을 만들 때에는 국제표준을 참조하는 것이 매우 일반적이므로, 세부적인 상세 내용보다는 큰 틀에서 차용하여 쓸 수 있는 형식으로 표현합니다. 세부적인 내용은 부가하여 첨부 자료로 활용할 수 있으나, 전 세계가 인용하여 사용할 수 있는 내용이므로 가급적이면 표준도 '보편성'을 지향해야 합니다. 그래서 표준은 법의 일부로 들어와 있고 법과 같은 유사성도 갖습니다. 또한, 표준도 정기적으로 검토와 수정본이 발간되며 실상에 맞도록 최신 상태를 유지하려는 특성이 있습니다. 다행스럽게도 우리는 질서가 조화롭게 유지될 수 있도록 '표준법'이 유지되는 선진국을 살고 있습니다.

표준화가 잘 이루어지는 나라는 선진국입니다.

그림 46 법.
법이란 우리 삶의 질서를 유지하기 위한 목적으로 만들어진 사회 규범입니다. 표준 문서도 이러한 개념으로 일상을 보호하는 기술의 근간으로 만들어졌습니다.

글로벌 무역 활성화를 위한 표준

우리는 '돈'의 가치가 매우 큰 현대 사회를 살고 있습니다. 대한민국의 전체 인구가 전 세계에서 차지하는 비율은 매우 적지만, 우리가 만든 제품을 수출한다면 전 세계가 우리의 구매자가 될 수 있습니다. 특히 전기·전자 부품, 전자 장치는 우리나라의 전체 무역량에서 가장 큰 가치를 보이는 분야 중 하나입니다. 그런데, 제품이 조립되어 최종 소비자에게 가기까지는 여러 가지 일이 일어납니다. 이전과는 달리 이제 한 나라에서 모든 부품을 다 만들지는 못합니다. 여러 국가에서 만들어진 제품이 제조국에서 취합되고 포장되어 해외로 수출되는 것입니다. 이때 여러 나라를 통과하며, 제품은 전 세계로 흩어져 흘러 나갑니다. 따라서 제품의 부품, 포장, 판매를 하는 각 나라별로 소통이 되어야 하므로 호환의 필요성이 높아졌습니다. 게다가 각 나라별로 요구하는 안전 기준 등 공통적인 사항들이 조화롭기까지 해야 합니다. 그 목적을 위해 우리는 조화로운 국제표준을 제안하고 만들어서 함께 사용하는 것입니다.

IEC의 국제표준은 IEC 적합성평가시스템과 함께 세계무역기구(WTO)와 무역기술장벽(TBT) 협정에서 정의한 기술장벽을 통과하는 관문의 역할을 합니다. 무엇보다 세계무역기구 회원국이란, 국제표준을 기반으로 국가표준, 강제력 있는 기술규정, 시험 및 인증에 함께 도입하기로 합의한 나라를 의미합니다. 그러므로 우리나라에서 국제표준에 대한 관심을 높이는 것은 바로 전 세계 무역 경쟁력을 높이는 것과 같습니다.

그림 47 수출입 컨테이너.

지금은 글로벌 시대입니다. 우리나라의 제품은 전 세계에서 온 부품으로 만들어지고, 완제품은 해외로 수출되고, 다시 전 세계에서 만들어진 다양한 제품이 우리나라로 수입됩니다. 이러한 일이 매일 일상처럼 일어나고 있습니다.

글로벌 표준 현황을 볼 수 있는 사이트

전기·전자 분야에서 국제표준을 만들고자 하는 당신을 위해 먼저 IEC 홈페이지를 안내해 드리겠습니다. 이곳은 무엇을 하는 곳인지, 그리고 우리는 어떤 그룹의 누구를 만나야 할지 탐색하는 과정을 살펴보겠습니다. 그런데 홈페이지가 모두 영어입니다. 안타깝지만 국제표준을 하기 위해서, 또 세계 여러 나라 사람들과 쉽게 소통을 하기 위해서는 기본적으로 영어를 할 수 있어야 합니다. 하지만, 영어보다 더 중요한 것은 해당 기술에 대한 이해와 그 기술을 올바른 방향으로 표준화할 수 있는 '지성'입니다.

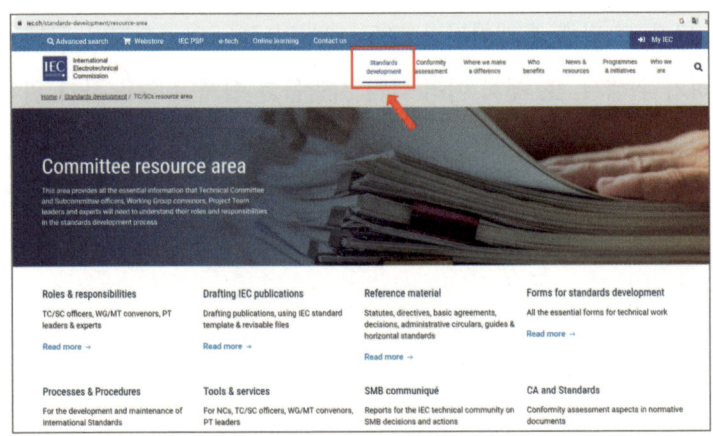

그림 48 IEC 홈페이지.

표준 개발 부분은 붉은색 박스에 있는 'Standards development'를 클릭하여 들어가면 현재 다양한 개발 상황을 확인할 수 있습니다.

IEC 조직

IEC의 표준화 작업은 ISO(국제표준화기구)와 공동으로 제정한 'ISO/IEC Directive'라는 문서에 따라 이루어집니다. IEC에서 표준 문서를 만들거나 수정하고자 하는 사람이라면, IEC의 조직에 대해 한 번쯤 살펴볼 필요가 있습니다. 2023년 기준 총회원국 83개국 중 정회원 60개국, 준회원 23개국으로 이루어져 있습니다. IEC 조직의 회장단은 회장(Chair), 부회장(Vice-chair), 재무관(Treasurer), 사무총장(Secretary-General), 직전 전임회장으로 구성됩니다.

조직을 운영하는 사람과 실무자는 굉장히 먼 것처럼 느껴지지만, 실제 IEC의 조직 운영과 실무자는 상당한 관련이 있습니다. 또한 민간 전문가들이 기술 표준 일을 자기의 일처럼 하고 있습니다. 국제표준 업무를 하다 보면 우리는 우리 스스로를 이렇게 부르곤 합니다.

주요 조직	한글 용어
IEC Council	총회
Council Board	이사회
Executive committee	집행위원회
SMB(Standardization Management Board)	표준화관리이사회 기술 작업 관리
MSB(Market Strategy Board)	시장전략이사회 -시장 요구 분석
CAB(Conformity Assessment Board)	적합성평가이사회 -인증 업무 관리

표준관리이사회(SMB)는 기술위원회(Technical Committee), 기술자문위원회(Technical Advisory Committees), 전략그룹(Strategic Group)과 시스템 작업(System Work)을 관리합니다.

적합성평가이사회(CAB)는 적합성평가이사회 작업반 그룹(CAB WG), 전자 부품(IECEE), 위험환경장비(방폭구조)(IECEX), 시험 결과의 상호인정(IECQ), 신재생에너지 적합성평가위원회(IECRE)를 관리합니다.

누가 IEC 조직을 위해 일하는가?

 IEC 홈페이지 중 표준 개발 부분을 살펴보면 기술위원회 및 분과위원회에 대한 목록이 있습니다.(2023년 11월 20일 홈페이지 기준) IEC는 전 세계 수천 명의 전문가가 참여하여 작업하고 있습니다. IEC의 전문가는 국가의 요구 사항을 대표하기 위해 선발된 인원입니다. 이 전문가들은 글로벌 수준의 업계, 정부, 시험소, 연구소, 학계 및 사용자 소속으로 국가위원회(NC)에 의해 선발됩니다.

그림 49 IEC 전문가.
IEC 전문가는 업계, 정부, 시험소, 연구소, 학계 및 사용자 소속 등 다양한 분야에서 선발됩니다.

IEC 기술위원회 및 분과위원회

IEC에서 다루고 있는 기술의 범위에는 어떤 것이 있을까요?

IEC는 전 세계적으로 최첨단 기술 문제에 대해 논의하고 동의를 구합니다. 이를 위해서 IEC는 중립적이고 독립적인 플랫폼을 제공하며, 각 국가를 대표하는 전문가들의 자발적인 합의에 기반한 국제표준을 발표합니다. 더불어 각 기술위원회(TC)는 활동 범위와 영역을 정의하며 업무합니다. 이러한 활동을 기술위원회가 IEC 표준관리위원회(SMB)에서 제출하면, 표준관리위원회는 검토 후 승인합니다. 기술위원회는 작업 프로그램의 범위에 따라 하나 이상의 분과위원회(SC)를 구성할 수 있습니다. 각 분과위원회는 업무 범위를 정의하고 상위 기술위원회에 직접 보고합니다. 표준관리위원회는 기존 기술위원회 또는 분과위원회의 범위에 속하지 않는 개별 표준을 준비하는 프로젝트위원회를 설립합니다. 표준이 출판되면 프로젝트위원회는 해체됩니다. 표준 개발 사이트에 들어가면 기술위원회의 리스트와, 해체된 기술위원회 리스트를 볼 수 있습니다.

IEC 기술위원회 및 분과위원회

먼저 국제표준 문서를 만들 생각이라면, 자신이 하고자 하는 표준 기술이 어떤 분과에 들어가는지를 알아볼 필요가 있습니다. 2023년 11월 검색 기준으로 올라온 기술위원회 및 분과위원회의 범주는 항목으로 보여 드리겠습니다.

표준을 시작하기에 앞서, 우리에게 가장 먼저 다가오는 문서는 무엇일까요? 바로 용어입니다. IEV는 International Electrotechnical Vocabulary의 약자로, 국제 전기 기술 용어를 의미합니다. 모든 문서의 시작은 용어의 정의에서 근간합니다. TC 1은 IEV의 일반 개념에 대한 개발을 유지하는 것으로, 용어 정의의 시작이라 보실 수 있습니다.

그림 50 세종대왕.
용어의 중요성.
기술위원회의 시작인 TC 1은 국제 전기 기술 용어로 시작합니다.
한글이 필요에 의해 창제된 것처럼, 기술을 공유하기 위해
전기 기술 용어가 정의되었습니다.

현재는 어떤 기술위원회가 활동하고 있을까요?

홈페이지에 등록된 IEC의 기술위원회를 가볍게 살펴보기로 합시다. 해당 사이트의 제목을 들어가 보면 어떤 나라의 어떤 간사가 주도하는 기술인지를 살펴볼 수 있습니다. 그리고 참고하는 문서가 어떤 문서인지도 살펴볼 수 있습니다.

항목	범위
TC 1	기술 용어. 국제 전기 기술 용어 '일반 개념' 개발.
TC 2	회전 기계. 회전 전기 기계의 사양에 대한 국제표준 준비. (TC 9와 TC 69 범위는 제외)
TC 3	문서화, 장비와 인간 상호 작용 간의 그래픽 기호 및 기술 정보 표현 분야의 표준 준비. SC 3C 장비에 사용하기 위한 그래픽 기호, 3D 제품의 분류, 속성 및 식별 – 공통 데이터 사전(CDD) 진행.
TC 4	수력 발전 개발과 관련된 유압식 회전 기계 및 관련 장비에 대한 국제표준 및 보고서를 준비.
TC 5	증기 터빈의 평가 및 테스트를 위한 사양 및 표준 준비.
TC 7	가공 전기 전도체의 제조 및 활용을 위한 국제표준 및 사양 준비.
TC 8	전기 공급 시스템의 전반적인 시스템 측면과 전기 에너지 사용자를 위한 비용과 품질 간의 수용 가능한 균형에 중점을 두고 국제표준 및 기타 결과물 개발을 준비하고 조정. SC 8A 재생 에너지 발전의 그리드 통합, 8B 분산형 전기 에너지 시스템, 8C 상호 연결된 전력 시스템의 네트워크 관리 진행.
TC 9	철도용 전기 장비 및 시스템. 철도 차량, 고정 설비, 철도 운영을 위한 관리 시스템(감시, 정보, 통신, 신호 및 처리 시스템 포함), 인터페이스 및 생태 환경을 포함하는 철도 분야에 대한 국제표준.

그림 51 수력 발전.

항목	범위
TC 10	전기 기술 분야용 유체. 액체 및 기체 유전체에 대한 제품 사양, 테스트 방법, 유지 관리 및 사용 가이드 준비. 또한 증기 터빈, 발전기 및 제어 시스템용 윤활유 및 제어 유체에 대한 사양 및 유지 관리 및 사용 가이드를 준비하고 이러한 유체에 대한 테스트 방법 준비.
TC 11	가공선. 철도 견인 지지대 및 선로 재료를 제외한 1kV AC 및 1.5kV DC 공칭 전압 이상의 가공선에 대한 국제표준.
TC 13	전기 에너지 측정 및 제어.
TC 14	전력 변압기. 발전, 송전 및 배전에 사용되는 전력 변압기, 탭 변환기 및 리액터 분야의 표준.
TC 15	고체 전기 절연 재료. 고체 전기 절연 재료 단독 및 단순 조합 규격을 포함한 표준.
TC 17	고전압 개폐 장치 및 제어 장치. 관련 제어 디지털 통신, 측정, 신호, 보호, 조절과 함께 1kV ac 및 1,5kV d.c. 이상의 정격 전압을 갖는 고전압 개폐 장치 및 제어 장치와 해당 어셈블리를 다루는 표준, 기술 사양 및 기술 보고서. SC 17A 스위칭 장치, 17C 어셈블리 진행.

그림 52 대한민국 철도.
철도 제작, 설계 및 운영은 국민의 안전과 직결되므로
관련한 규정에 따라 만들어집니다.

항목	범위

TC 18	선박, 이동식 및 고정식 해양 장치의 전기 설비.
	모범 사례를 통합하고 가능한 한 기존 규정과 IEC 간행물을 조정하여 선박, 이동 및 고정 해양 장치의 전기 설치 및 장비에 대한 표준을 준비.
	관련 내용:
	  a) 선박과 이동 및 고정 해양 장치의 안전을 촉진하는 요소
	  b) 생명의 안전을 촉진하는 요소
	  c) 환경 보존을 촉진하는 요인
	SC 18A 선박, 이동식 및 고정식 해양 설비용 전기 케이블 진행.

TC 20	전기 케이블. 배선, 발전, 배전 및 전송에 사용되는 절연 전력 및 제어 케이블, 해당 액세서리 및 케이블 시스템에 대한 설계, 테스트 및 최종 사용 권장 사항(전류 등급 포함)에 대한 국제표준 준비.
TC 21	2차 전지 및 배터리. 모든 유형의 2차 전지 및 배터리에 대한 화학, 제품 크기, 표시 및 성능, 설계의 본질 안전, 선택된 응용 분야에 대한 인증 테스트 및 설치, 작동, 유지 관리 및 안전 규칙과 관련된 표준 제공. SC 21A 알칼리성 또는 기타 비산성 전해질을 포함하는 2차 전지 및 배터리 진행.
TC 22	전력 전자 시스템 및 장비. 제어, 보호, 모니터링 및 측정 수단을 포함하여 전자 전력 변환 및 전자 전력 스위칭을 위한 시스템, 장비 및 구성 요소에 관한 국제표준 준비. SC 22E 안정화된 전원 공급 장치, 22F 전기 전송 및 배전 시스템용 전력 전자 장치, 22G 가변 속도 전력 구동 시스템 (PDS), 22H 무정전 전원 공급시스템 (UPS) 진행.

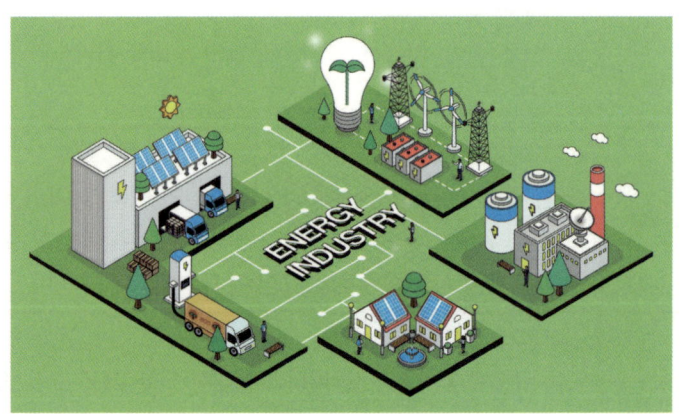

그림 53 배터리.

항목	범위
TC 23	전기 부속품. 안전, EMC, 조정, 성능, 호환성 상호 운용성, 상호 교환성, 에너지 효율성 및 전기 에너지의 글로벌 관리에 기여하는 전기 부속품의 용어에 관한 측면을 조정. SC 23A 케이블 관리 시스템, 23B 플러그, 콘센트 및 스위치, 23E 가정용 회로 차단기 및 이와 유사한 장비, 23G 기기 커플러, 23H 산업용 및 유사한 응용 분야와 전기 자동차용 플러그, 소켓 콘센트 및 커플러, 23J 가전제품용 스위치, 23K 전기 에너지 효율 제품 진행.
TC 25	수량 및 단위. 전기 기술에 사용되는 수량 및 단위에 대한 국제표준. 표준은 정의, 이름, 문자 기호 및 용도와 관련됨.
TC 26	전기 용접. 전문가를 위한 전기 및 기계적 위험으로부터 보호하기 위한 모든 안전 측면을 고려하여 정상 및 불리한 용접 환경 모두에서 전기 용접 및 관련 프로세스를 위한 장비의 구성, 설치 및 사용과 관련된 전기 안전, 전자파적합성(EMC) 및 전자파강도(EMF) 문제에 대한 표준 준비.
TC 27	산업용 전기 가열 및 전자기 처리. 전기 가열, 재료의 전자기 처리 및 전기 가열 기반 처리 기술을 위한 산업 장비 및 설비 분야의 표준.

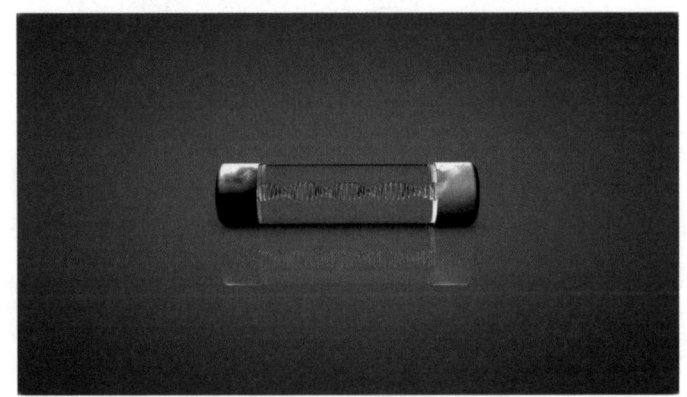

그림 54 퓨즈.

항목	범위
TC 29	전기 음향학. 전기 음향 분야의 기기 및 측정 방법과 관련된 국제표준.
TC 31	폭발성 환경용 장비. 가스, 증기, 미스트 또는 가연성 분진 등 폭발성 대기가 존재할 가능성으로 위험이 있는 장비에 관한 국제표준. SG 31G 본질 안전장치, 31J 위험 지역 분류 및 설치 요구 사항, 31M 폭발성 대기에 대한 비전기 장비 및 보호 시스템 진행.

TC 32	퓨즈.
	다음을 결정하기 위해 모든 유형의 퓨즈 사양에 관한 국제표준 준비.
	  1. 퓨즈의 설치 및 작동 조건을 지정하는 데 필수적인 특성
	  2. 퓨즈가 충족해야 할 요구 사항과 해당 요구 사항에 대한 적합성을 확인하기 위해 고안된 테스트 및 이러한 테스트를 위해 따라야 하는 절차
	  3. 표시
	SC 32A 고전압 퓨즈, 32B 저전압 퓨즈, 32C 소형 퓨즈 진행.

TC 33	전력 커패시터 및 그 응용 표준.

그림 55 집적회로.

항목	범위
TC 34	조명. 다음에 대한 안전, 성능 및 호환성 사양에 관한 국제표준 및 관련 IEC 발간물을 준비, 검토 및 유지. 　1. 전기 광원 및 그 구성 요소 　2. 캡과 홀더 　3. 전기 광원 및 전자 조명 기기용 구동 장치 및 제어 장치 　4. 등 기구 　5. 조명 시스템 　6. 기타 SC 34A 전기 광원, 34B 램프 캡 및 홀더, 34C 램프용 보조 장치, 34D 등 기구 진행.
TC 35	1차 전지 및 배터리. 1차 전지 및 배터리에 대한 국제표준, 특히 환경 및 안전 문제에 대한 지침과 함께 사양, 크기, 성능과 관련된 표준 준비.
TC 36	절연체. 부싱, 가공선 및 변전소용 절연체 및 해당 커플링을 포함한 고전압 시스템 및 장비용 절연체 표준. SC 36A 절연 부싱 진행.

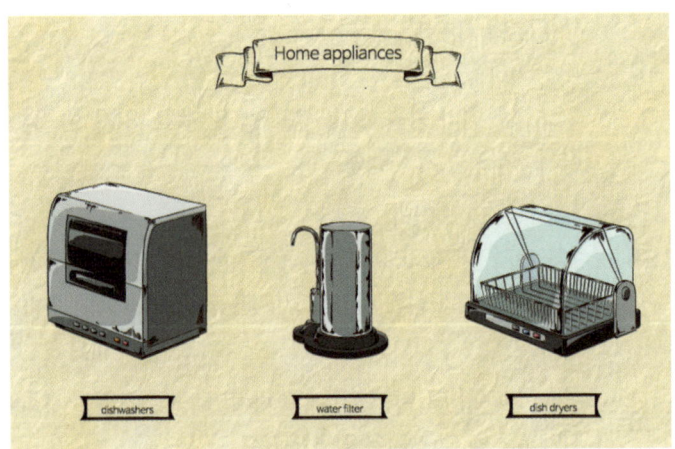

그림 56 다양한 가전 기구.

항목	범위
TC 37	서지 피뢰기. 서지 피뢰기 및 기타 서지 보호 장치(SPD)에 대한 사양. 만족스러운 신뢰성으로 시스템을 적절하게 보호하기 위한 피뢰기 선택 및 이러한 결과를 얻을 수 있는 사용 조건 정의. SC 37A 저전압 서지 보호 장치, 37B 저전압 서지 보호용 부품 진행.
TC 38	저전압 서지 보호용 부품. 저전압 서지 보호용 부품에 대한 국제표준. 이러한 SPC(서지 보호 부품)는 최대 1000V ac 및 1500V dc의 전압을 사용하는 전력, 통신 및/또는 신호 네트워크에 사용.
TC 40	전자 장비용 커패시터 및 저항기.
TC 42	고전압 및 고전류 테스트 기술. 고전압, 고전류 시험 기법을 다루고, 고전압 AC, DC, 임펄스 시험, 고전류 시험 등 이에 속하는 각종 시험에 대한 국제표준.
TC 44	기계의 안전 – 전기 기술적 측면. 작업 중 손으로 휴대할 수 없지만 모바일 장비가 포함될 수 있는 기계(조정된 방식으로 함께 작동하는 기계 그룹 포함, 상위 시스템 측면 제외)에 전기 기술 장비 및 시스템을 적용하는 분야의 표준. 적용되는 장비는 전기 공급 장치가 기계에 연결되는 지점부터 시작. 제어 장비와 기계의 전기 기술 장비 간의 인터페이스(근거리 통신망 및 필드버스 제외) 표준. 기계 관련 장비 및 환경의 위험으로부터 사람을 보호하는 것과 관련된 전기 기술 장비 및 시스템의 표준. 기계 안전에 관한 모든 문제를 ISO와 조정함.

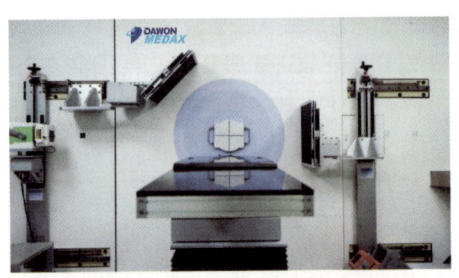

그림 57 IEC TC62C 의료 장비 분야.
A-BNCT 센터 내 중성자 포획 치료 시스템 및 치료실. 붕소 중성자 포획 치료 기기는 암세포 내에 붕소와 중성자가 반응하여 암을 치료하는 세포 타깃 방사선 치료 기기입니다. 환자의 암 치료에 사용하므로 의료기기 및 방사선 사용 기기로서 최근 IEC TC62C 분야에서 국제표준을 제정하고 있습니다. (출처: ㈜ 다원메닥스)

항목	범위
TC 45	원자력 계측. 원자력 응용 분야에 특정한 계측을 위한 전기 및 전자 장비 및 시스템과 관련된 국제표준. SC 45A 원자력 발전소 시설의 계측 제어 및 전력 시스템, 45B 방사선 방호 기기 진행.
TC 46	케이블, 전선, 도파관, RF 커넥터, RF 및 마이크로파 수동 부품 및 액세서리. 통신 네트워크용 아날로그 및 디지털 전송 시스템과 장비를 위한 금속 도체, 전선, 도파관, RF 커넥터, RF 및 마이크로파 수동 부품 및 액세서리의 품질 평가를 위한 용어, 설계, 특성, 관련 테스트 방법 및 요구 사항에 대한 표준을 확립하고 유지. SC 46A 동축 케이블, 46C 와이어 및 대칭 케이블, 46F RF 및 마이크로파 수동 부품 진행.
TC 47	반도체 장치. 환경적으로 건전한 수행법을 통해 개별 반도체 장치, 집적 회로, 디스플레이 장치, 센서, 전자 부품 어셈블리, 인터페이스 요구 사항 및 마이크로 전자 기계 장치의 설계, 제조, 사용 및 재사용에 대한 국제표준 준비. 활동에는 웨이퍼 수준 신뢰성, 패키지 개요, 용어 및 정의, 품질 문제, 물리적 환경 시험, 장치별 시험법, 장치 사양 및 최소 콘텐츠, 핀아웃, 인터페이스 요구 사항 및 애플리케이션이 포함됨. SC 47A 집적 회로, 47D 반도체 장치 패키징, 47E 개별 반도체 장치, 47F 마이크로 전자기계 시스템 진행.

그림 58 전자파 시험.
밀집된 곳에서 전기·전자 기기의 사용이 늘어나면
이들 기기에서 발생하는 불필요한 전자파가 통신 장애 및
기기 오작동을 일으키기 때문에 관리가 필요합니다.

항목	범위
TC 48	전기 및 전자 장비용 전기 커넥터 및 기계 구조 표준. SC 48B 전기 커넥터, 48D 전기·전자 장비의 기계 구조 진행.
TC 49	주파수 제어, 선택 및 감지를 위한 압전, 유전체, 정전기 장치 및 관련 재료 표준.
TC 51	자성 부품, 페라이트 및 자성 분말 재료.
TC 55	권선. 도체 재료, 모양, 크기 또는 피복 유형에 관계없이 환경 보호 및 인간 건강 안전에 대한 필요성에 주의를 기울여 전기 공학의 모든 분야의 요구를 고려하여 전기 권선용 전선에 대한 국제표준.
TC 56	신뢰성. 제품, 프로세스 및 관리 활동과 관련 있음. 표준은 수명 주기 전반에 걸쳐 서비스 및 시스템의 신뢰성 평가, 기술적 위험 평가, 관리를 위한 체계적인 방법과 도구 제공.
TC 57	전력 시스템 관리 및 관련 정보 교환.
TC 59	가정용 및 유사 전기 제품의 성능. SC 59A 전기 식기세척기, 59C 가정용 및 이와 유사한 용도의 전기 가열 기기, 59D 가정용 및 이와 유사한 전기세탁기의 성능, 59F 표면 청소 기기, 59K 가정용 및 이와 유사한 전기 조리 기구의 성능, 59L 소형 가전, 59M 가정용 전기 기기 및 이와 유사한 냉장·냉동 기기의 성능, 59N 가정용 및 이와 유사한 용도의 전기 공기 청정기 진행.

그림 59 피뢰침.
건물에 번개가 떨어지면 피뢰침과 연결된 선에 의해 지상으로 전기가 분산되도록 합니다. 안전과 관련한 기준이 필요한 분야입니다.

항목	범위
TC 61	가정용 및 유사 전기 제품의 안전. SC 61B 가정용 및 상업용 전자레인지의 안전성, 61C 가정용 및 상업용 냉동 기기의 안전성, 61D 가정용 및 이와 유사한 목적의 에어컨용 기기, 61H 전동 농기구의 안전성, 61J 상업용 전기 모터 작동식 청소 기기 진행.
TC 62	의료 장비, 소프트웨어 및 시스템. SC 62A 의료 장치, 소프트웨어 및 시스템의 공통 측면, 62B 의료 영상 장비, 소프트웨어 및 시스템, 62C 방사선 치료, 핵의학 및 방사선량 측정, 62D 특정 의료 장비, 소프트웨어 및 시스템 진행.
TC 64	전기 설비 및 감전 방지.
TC 65	산업 공정 측정, 제어 및 자동화. SC 65A 시스템 측면, 65B 측정 및 제어 장치, 65C 산업용 네트워크, 65E 엔터프라이즈 시스템의 장치 및 통합 진행.
TC 66	측정, 제어 및 실험실 장비의 안전.
TC 68	자성 합금 및 강철.
TC 69	전기로 추진되는 도로 차량 및 산업용 트럭을 위한 전력/에너지 전달 시스템.
TC 70	인클로저가 제공하는 보호 수준(외부 물리적 충격).
TC 72	자동 전기 제어.
TC 73	단락 전류.
TC 76	광방사선 안전 및 레이저 장비.
TC 77	전자파 적합성. SC 77A EMC - 저주파 현상, 77B 고주파 현상, 77C 고전력 과도 현상.

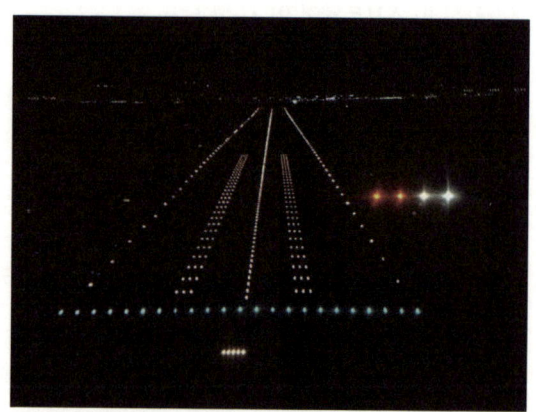

그림 60 비행기 활주로 진입각 지시등(PAPI) 조명.
진입각 지시등은 항공기 착륙 각도의 적절성을 알려 주는 항공 등화 시설입니다. 착륙 각도에 따라 불빛이 달라져 정확한 각도로 진입할 수 있도록 안내하는 역할을 합니다.
(그림 출처: 항공위키)

항목	범위
TC 78	활선 작업, 라이브 작업.
TC 79	경보 및 전자 보안 시스템.
TC 80	해상 항법 및 무선 통신 장비 및 시스템.
TC 81	번개 보호.
TC 82	태양광 에너지 시스템.
TC 85	전기량 및 전자기량 측정 장비.
TC 86	광섬유. SC 86A 섬유 및 케이블, 86B 광섬유 상호 연결 장치 및 수동 구성 요소, 86C 광섬유 시스템 및 능동 장치.
TC 87	초음파.
TC 88	풍력 발전 시스템.
TC 89	화재 위험 테스트.
TC 90	초전도성.
TC 91	전자 부품 조립 기술.
TC 94	전기 릴레이.
TC 95	측정 계전기 및 보호 장비.
TC 96	변압기, 리액터, 전원 공급 장치 및 이들의 조합.
TC 97	비행장의 조명 및 항공 등대 전기 설비.
TC 99	1,0kV AC 및 1,5kV DC 이상의 고전압 전력 설비의 절연 조정 및 시스템 엔지니어링.

그림 61 전자파 측정 기기.

항목	범위
TC 100	오디오, 비디오, 멀티미디어 시스템 및 장비 TA 1 오디오, 비디오, 데이터 서비스 및 콘텐츠용 터미널 TA 2 색상 측정 및 관리 TA 4 디지털 시스템 인터페이스 및 프로토콜 TA 5 텔레비전 신호, 음향 신호 및 대화형 서비스용 케이블 네트워크 TA 6 저장 매체, 저장 데이터 구조, 저장 시스템 및 장비 TA 15 무선 전력 전송 TA 16 AAL(Active Assisted Living), 웨어러블 전자 장치 및 기술, 접근성 및 사용자 인터페이스 TA 17 차량용 멀티미디어 시스템 및 장비 TA 18 최종 사용자 네트워크를 위한 멀티미디어 홈 시스템 및 애플리케이션 TA 19 멀티미디어 시스템 및 장비의 환경 및 에너지 측면 TA 20 아날로그 및 디지털 오디오 진행
TC 101	정전기.
TC 103	무선 통신용 송신 및 수신 장비.
TC 104	환경 조건, 분류 및 테스트 방법.
TC 105	연료 전지 기술.
TC 106	인체 노출과 관련된 전기장, 자기장 및 전자장 평가 방법.
TC 107	항공 전자 공학을 위한 프로세스 관리.
TC 108	오디오/비디오, 정보 기술 및 통신 기술 분야의 전자 장비 안전.

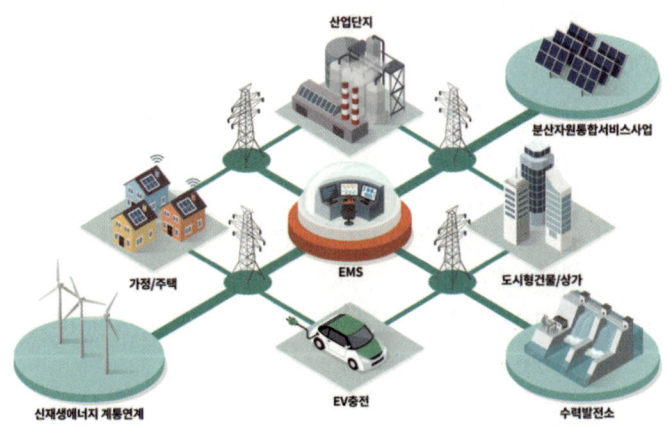

그림 62 스마트 그리드.
스마트 계량기(AMI), 에너지관리 시스템(EMS), 에너지저장 시스템(ESS), 전기차 및 충전소, 분산 지원, 신재생 에너지, 양방향 정보 통신 기술, 지능형 송·배전 시스템 등을 포함합니다.(출처: 한국스마트그리드협회)

항목	범위
TC 109	저전압 장비의 절연 조정.
TC 110	전자 디스플레이.
TC 111	전기·전자 제품 및 시스템에 대한 환경 표준화.
TC 112	전기·절연 재료 및 시스템의 평가 및 인증.
TC 113	전기 기술 제품 및 시스템을 위한 나노 기술.
TC 114	해양 에너지 - 파도, 조수 및 기타 수류 변환기.
TC 115	100kV 이상의 DC 전압에 대한 HVDC(고전압 직류) 전송.
TC 116	모터로 작동되는 전동 공구의 안전성.
TC 117	태양열 발전소.
TC 118	스마트 그리드 사용자 인터페이스.
TC 119	인쇄 전자.
TC 120	전기 에너지 저장(EES) 시스템.
TC 121	저전압용 개폐 장치, 제어 장치 및 그 조립품. SC 121A 저전압 개폐 장치 및 제어 장치, 121B 저전압 스위치기어 및 컨트롤 기어 어셈블리 진행.
TC 122	UHV AC 전송 시스템.
TC 123	전력 시스템의 네트워크 자산 관리.
TC 124	웨어러블 전자 장치 및 기술.
TC 125	e-운송업자.
PC 126	바이너리 발전 시스템.
PC 127	발전소 및 변전소용 저전압 보조 전력 시스템.
PC 128	전기 설비의 운영.
TC 129	발전, 송배전 시스템용 로봇 공학.
PC 130	의료용 냉장 보관 장비.
PC 131	도로 차량 견인용 회전 전기 기계.

그림 63 웨어리블 시계, 삼성 갤럭시 워치와 애플 워치.

일상생활에서 생체 정보 측정에 대한 관심이 늘고 있으며, 향후 TC124 분야는 ISO, IEC의 여러 TC의 표준 작업 업무로서 더욱 다양해질 것으로 생각됩니다.

CISPR	전파 간섭에 관한 국제특별위원회.
CIS/A	무선 간섭 측정 및 통계 방법
CIS/B	산업, 과학 및 의료용 무선 주파수 장치, 기타 (무거운) 산업 장비, 가공 전력선, 고전압 장비 및 전기 견인과 관련된 간섭.
CIS/D	차량 및 내연 기관 구동 장치의 전기/전자 장비와 관련된 전자파 방해.
CIS/F	가전제품 도구, 조명 장비 및 이와 유사한 장치와 관련된 간섭.
CIS/H	무선 서비스 보호에 대한 제한.
CIS/ I	정보 기술 장비, 멀티미디어 장비 및 수신기의 전자파 적합성.
SyC AAL	활동적인 생활 지원.
SyC BDC	바이오 디지털 융합.
SyC COMM	통신 기술 및 아키텍처.
SyC LVDC	전기 접근을 위한 저전압 직류와 저전압 직류.
시스템 세트	지속 가능한 전기 운송.
SyC SM	스마트 제조.
SyC 스마트 시티	스마트 시티의 전기 기술적 측면.
SyC 스마트에너지	스마트 에너지.
ISO/IEC JTC 1	정보 기술.
ISO/IEC JTC 1/SC 2	코드화된 문자 세트.
ISO/IEC JTC 1/SC 6	시스템 간 통신 및 정보 교환.

ISO/IEC JTC 1/SC 7	소프트웨어 및 시스템 엔지니어링.
ISO/IEC JTC 1/SC 17	개인 식별을 위한 카드 및 보안 장치.
ISO/IEC JTC 1/SC 22	프로그래밍 언어, 해당 환경 및 시스템 소프트웨어 인터페이스.
ISO/IEC JTC 1/SC 23	정보 교환 및 저장을 위한 디지털 기록 매체.
ISO/IEC JTC 1/SC 24	컴퓨터 그래픽, 이미지 처리 및 환경 데이터 표현.
ISO/IEC JTC 1/SC 25	정보 기술 장비의 상호 연결.
ISO/IEC JTC 1/SC 27	정보 보안, 사이버 보안 및 개인 정보 보호.
ISO/IEC JTC 1/SC 28	사무기기.
ISO/IEC JTC 1/SC 29	오디오, 사진, 멀티미디어 및 하이퍼미디어 정보 코딩.
ISO/IEC JTC 1/SC 31	자동 식별 및 데이터 캡처 기술.
ISO/IEC JTC 1/SC 32	데이터 관리 및 교환.
ISO/IEC JTC 1/SC 34	문서 설명 및 처리 언어.
ISO/IEC JTC 1/SC 35	사용자 인터페이스.
ISO/IEC JTC 1/SC 36	학습, 교육 및 훈련을 위한 정보 기술.
ISO/IEC JTC 1/SC 37	생체 인식.
ISO/IEC JTC 1/SC 38	클라우드 컴퓨팅 및 분산 플랫폼.
ISO/IEC JTC 1/SC 39	지속 가능성, IT&데이터 센터.
ISO/IEC JTC 1/SC 40	IT 서비스 관리 및 IT 거버넌스.
ISO/IEC JTC 1/SC 41	사물 인터넷과 디지털 트윈.
ISO/IEC JTC 1/SC 42	인공 지능.
ISO/IEC JTC 1/SC 43	뇌-컴퓨터 인터페이스.

그림 64 초연결망 사회.
이제는 ISO와 IEC가 리에종으로 소통하며 표준 업무를 진행하는 사례가 점차 늘고 있습니다. 시스템화 및 제조와 IT의 복합 제품이 늘어나며 기존의 영역은 점차 경계를 허물고 있습니다.

국제문서 회람 과정에서 꼭 알아야 하는 약어

이미 앞서 국제표준 작성 및 회람 단계에 대해 설명한 그림이 있습니다. 다시 한번 약어를 살펴보겠습니다.

프로젝트 과정	관련 문서	
	명칭	약어
0. 예비 단계	예비 업무 항목	PWI (Preliminary Work Item)
1. 제안 단계	신규 업무 항목 제안	NP (New work item Proposal)
2. 준비 단계	작업 초안	WD (Working Draft)
3. 위원회 단계	위원회 초안	CD (Committee Draft)
4. 질의 단계	질의안 (국제표준안)	DIS (Draft International Standard, ISO), CDV (Committee draft for vote, IEC) *ISO와 IEC가 부르는 용어가 상이한 단계입니다.
5. 승인 단계	최종 국제표준안	FDIS (Final Draft International Standard)
6. 출판 단계	국제표준	ISO, IEC

IEC 간행물 정보 번호 매기기

표준화의 바탕에는 '문서화'라는 개념이 크게 있습니다. 그래서 표준기관에서는 매년 엄청난 양의 문서를 생성하고 있습니다. 빠르게 발달하는 기술 앞에 그 문서의 양이 급격히 늘어나다 보니 문서의 번호를 새롭게 부여해야 하는 일이 발생했습니다.

1997년부터 모든 새로운 IEC 간행물과 부품, 새로운 판, 개정판은 '60000 시리즈'라는 명칭으로 발행되었습니다. 이제 **기존 기본 번호에 60000을 추가해야 합니다.**
예: IEC 529는 이제 IEC 60529로 참조됩니다.

출판물의 IEC 참조 번호는 헤더와 3가지 요소, 즉 ① 출판 번호, ② 부품 번호, ③ 섹션 번호로 구성됩니다.

80000 시리즈는 IEC와 ISO가 공동으로 개발한 다중 부분 표준에 할당되며, 일부 부분은 ISO에서 발행하고 다른 부분은 IEC에서 발행합니다. ISO/IEC 접두어의 사용은 ISO/IEC JTC1 출판물과 일부 ISO/IEC 가이드로 엄격히 제한합니다.

4.
IEC TC62C 업무 경험 사례

산업통상자원부 과제와 어쩌다 표준

필자는 ㈜다원시스와 의료 전문 자회사인 ㈜다원메닥스에서 산업통상자원부 과제 지원과 회사의 연구 투자를 바탕으로 치료가 가능한 수준의 선형 양성자 가속기 기반 붕소 중성자 포획 치료 시스템 전체 솔루션을 개발하는 일을 수행하였습니다. 이러한 과제를 하는 중에 표준화 업무가 주요한 평가 기준으로 들어 있어 무슨 일을 해야 하는지에 대한 고민을 하였습니다. 국내에서는 이러한 분야의 제품, 즉, 대형 입자 방사선 치료기와 붕소 의약품 개발한 사례가 없었기 때문입니다. 당연히 새로운 장치와 시스템을 평가할 국내표준이나 국제표준도 마련되어 있지 않았습니다.

방사선 치료 기기 개발 불모지 한국

우리나라는 의료 기기를 대부분 수입에 의존하고 있습니다. 처음 국내에서 의료 기기 개발을 시작하던 2016년 이후부터 현재까지도 국내 의료 기기 회사 대다수는 영세합니다. 그래서 국내 고사양 최첨단 의료 기기라고 할 만한 것이 거의 없다고 할 수 있습니다. 많은 의료 기기 중 우리나라에서 전량 수입에만 의존하고 있는 분야가 바로 방사선 치료 기기 분야입니다. 방사선 진단 기기 분야도 거의 해외에서 구매하고 있습니다. 다행히 근래에는 국내 업체의 발전된 기술 덕분에 엑스레이 진단기와 동물용 CT 등이 제품화되는 좋은 일이 생기고 있습니다. 그동안 자체적으로 방사선 치료 기기를 생산하는 회사가 없었다 보니, 국내에서 IEC TC62C의 전문가 활동은 당연히 사용자의 입장만 있었을 뿐, 제조자로서의 국제표준 활동은 소극적이었습니다.

그림 65 A-BNCT 센터.
붕소 중성자 포획 치료 시스템 전체를 개발하며 IEC TC62C 활동을 하면서 중성자 포획 치료 기기 표준화 과정을 접하게 되었습니다.
새로운 기술은 새로운 표준을 요구합니다.

표준의 중요성을 국책 과제 평가에 담다

 산업통상자원부 및 산업기술평가원은 최근에서야 국책 과제의 평가 항목으로 표준화 항목을 도입하기 시작하였습니다. 이러한 연유로 연구자들은 중성자 포획 치료 기기의 표준 일을 처음 접하게 되었습니다. 방사선 치료, 핵의학 및 방사선량 측정 기기의 전문가이자 과제의 일환으로 이 분야의 전문 위원이 된 필자는 국내 표준 전문 위원 회의를 참석하기 시작했고, 국제표준 회의에도 참여하게 되었습니다. 당시 한국산업기술평가관리원 의료기기 담당의 허영 PD는 표준을 개발 정책 및 결과 산출 평가 항목으로 넣었습니다. 그 결과 산업의 방향이 의미 있는 미래를 향해 나아갈 수 있었다고 생각합니다.

그림 66 인생은 방향.
어떤 정책은 보다 나은 미래를 만들어 냅니다.

IEC TC 62 방사선 치료, 핵의학 및 방사선 선량 측정 장비 분야

IEC TC 62는 '의료용 장치, 소프트웨어, 그리고 시스템'에 관한 표준을 담당하는데, 그 산하에 SC 62A부터 62D까지 4개의 분과위원회(SC)가 있으며, 그중 SC 62C가 '방사선 치료, 핵의학 및 방사선 선량 측정 장비'에 관한 표준을 담당합니다. 전기·전자 기기의 표준 자체도 어렵지만, 의료 기기, 그것도 방사선 치료 기기의 표준 분야는 매우 보수적인 분야입니다. 대한민국과 같은 신규 국가가 들어가기에는 기존 전문가들의 영향력이 너무나 커 보였습니다. 다행히, 우리나라에서 대형 방사선 치료 기기가 개발되었고, 그 기기로 환자를 치료하고 있는 중이었으며, 2023년 IEC TC 62 총회가 한국에서 최초로 열리는 덕분에 이 치료 기기를 전 세계에 알릴 수 있었습니다.

그림 67 산업통상자원부, 한국산업기술기획평가원 로고.
산업의 방향은 국책 과제가 쓰이는 연구비에 의해 조정될 수 있습니다. 또한, 개발 결과물의 평가 방법에 의해 수출 경쟁력을 강화하는 방향으로 일조할 수 있습니다. 우리나라 산업통상자원부와 KEIT는 산업 기반의 과제를 관리하며 비전을 만들어 가고 있습니다.

중성자 포획 치료기의
안전 및 필수 성능 표준 개발은 진행 중

    중성자 포획 치료기(NCT)에 대한 국제표준은 2019년도 이후부터 동북아포럼을 바탕으로 한국, 중국, 일본이 공동으로 안전 및 필수 성능에 관한 국제표준을 제정하기로 계획하고 있었습니다. 그러나 코로나로 인해 국제 미팅의 횟수가 적었던 시기를 틈타 일본에서 갑작스럽게 단독으로 NCT 표준 제안을 시작하는 안타까운 일이 있었습니다. '협의'를 바탕으로 표준이 만들어져야 하는데, 일본 측에서 이러한 사전 협의 없이 불협화음으로 시작한 것은 전문 위원으로서 매우 실망스러운 일이었습니다. 그러나 우리나라는 NCT 안전에 대한 필수 성능은 의료 사회적으로 필요한 부분이라고 생각하여 공동제안자는 아니지만 협력자의 입장으로 다른 나라들과 함께 NCT 표준 개발을 적극적으로 조력하고 있습니다.

NCT 표준화 과정

필자는 새로운 분야의 표준이 만들어지는 과정을 처음부터 보고 있습니다. 아직 완성되지는 않았고, 진행 과정에 있습니다. 2022년 3월 1일에 일본이 "중성자 포획 치료 의료 기기에 대한 안전과 필수 성능에 대한 개별 규격(Medical electrical equipment - Particular requirements for the basic safety and essential performance of neutron capture therapy equipment)"에 관한 국제표준 신규 제안(62C/835/NP)을 제출하였습니다. 2022년 6월 10일에 해당 투표가 종료되었습니다. 투표 대상 47개국 중에서 반대는 없었으며, 찬성 14개국, 기권 15개국으로써 100% 찬성으로 통과하였습니다. IEC에서는 회원국이 해당 기술에 지식이 부족한 경우 찬반 의견을 내기보다는 기권을 권유합니다. 또한, 투표 결과 해당 표준화에 참여하는 전문가로는 중국 2인, 핀란드 2인, 일본 3인, 한국 2인, 미국 1인, 총 10인을 지명하였고, 필자는 이 분야의 전문가로 해당 업무를 시행하고 있습니다. TC62C의 국제표준 전문 위원들은 각자의 주요 업력이 다르고 장치별 이해도도 다르기 때문에 작업반(WG)을 만들어 전문가와 함께 상호 보완하고 있습니다. 그러나 표준화 작업은 단순히 개발된 장치에 대한 기술만을 작성하는 것이 아닙니다. 참고하는 문서를 기반으로 기존 작성한 표준화 문서 개발 방법에 맞추어 작성을 하는 것이 필요합니다. 특히 IEC TC62C는 기존 방사선 치료기, 양성자 치료기 등의 개발자들의 오랜 업력으로 인해 새로운 사람이 거의 없었던 분야라 새롭게 진입한 전문가들은 이러한 표준 작성 방법에 친숙해질 필요가 있습니다. 예를 들어 NCT 기술만 아는 사람은 표준 문서를 작성할 수가 없으며, 표준만 아는 전문가 또한 NCT 기술을 작성할 수 없습니다. 기술의 의도를 반영하되, 기존 표준화가 작성된 의도와 작성법이 맞아야만 그 문서는 국제적 합의에 의해 받아들여지게 됩니다.

그림 68 표준화 작업.
표준화 작업은 여러 사람이 함께 가는 오래달리기와 같습니다.

국제합의가 어려운 다양한 이유

초안으로 가져온 일본 문서는 일본에서 쓰는 용어를 그대로 차용한 다든지, 일본에서 시행한 허가 내용을 기반으로 그 기준을 모두 포함하려는 주장을 주요 내용으로 담았습니다. 그리고 무엇보다 영어권 국가와 소통이 되지 않는 어려움이 있어 회의를 진행할 때마다 대부분의 국가에 충분한 이해를 주지 못한 부분도 관찰되었습니다. 특히 참여 국가들이 NCT에 대한 이해가 낮아 의견을 모으기가 쉽지 않았습니다. 이에 2023년 9월 대한민국 총회 개최를 계기로 우리는 전 세계의 표준 전문가들을 초청하여, 양성자 선형가속기 기반의 A-BNCT 센터를 둘러보고 NCT를 설명하였습니다. 이로 인해 작업반 멤버들은 이번보다 NCT에 대한 관심을 가지게 되었고, 또한 대한민국이 NCT 개발 기술에 선두 그룹임을 알게 되었습니다.

A-BNCT 센터 사이트 투어 - 보는 것이 믿는 것이다

　표준을 제안하는 것이 중요할 수 있으나, 실질적으로 문서에 무엇을 담고 어떻게 합의를 보느냐가 더 중요합니다. 즉, 기존 양식을 기반으로 문서가 작성되는 것이 필요합니다. A-BNCT 센터 사이트 투어 이후 표준 회의에 큰 변화가 왔습니다. NCT 표준에 대해 관심이 높지 않았던 전문 위원들도 일본의 일방적인 소통에 대해 우려를 표명하였고, 여러 국가의 참여가 필요하다는 의견도 주셨습니다. 확실히 예전과는 달리 방사선 치료기 분야의 주요 선도국들이 관심을 가지고 참여 의사를 보였습니다. 우리나라가 과거 방사선 치료기 불모지이기 때문에 아무도 우리의 전문성을 인정해 주지 않았던 것 같습니다. 그럴 때에는 해외 전문가를 초청하여 현장을 보여 주는 것이 백마디 말보다 더 효과적일 수 있습니다.

그림 69 보는 것은 믿는 것.
기술의 현장을 보게 되면 믿게 됩니다.

NCT 표준화 방향성

IEC는 전기·전자 기기에 국한하여 다루고 있어서, 신규 제안 문서의 제목을 "중성자 포획 치료 장치(neutron capture therapy equipment)"로 명시하고 있습니다. 중성자 포획 치료는 사용하는 약품에 따라 다르게 표기할 수 있습니다. 붕소 혹은 가돌리늄이 그 예입니다. 또한 NP에 첨부한 outline이나, IEC 63464 draft를 보면, 본 표준화의 범위로 "the BASIC SAFETY and ESSENTIAL PERFORMANCE of NEUTRON CAPTURE THERAPY ME EQUIPMENT(중성자 포획 치료에 대한 안전과 필수 성능)"라고 제시하였고, 일본에서 제출된 서류에 구체적인 진행 방향이나 내용도 매우 미흡한 상태로 회람되었습니다. 그래서 우리나라에서는 대응 차원에서 자체적으로 미리 문서를 작성하였고, 우리의 의견을 달아 일본에서 제안한 문서의 50%에 달하는 의견을 개진하여 적극적으로 참여하고 있습니다. 지금도 NCT 표준은 현재 진행형이며, 대한민국에서는 성능표준을 제안하기 위해 준비 중에 있습니다. 앞으로도 국내 다양한 기관에서 우리의 기술을 기반으로 대응하는 관심을 가져야겠습니다.

국제회의 시간은 밤낮을 바꾸어 놓는다

　표준 문서를 작성하기까지는, 논문을 쓰는 것 이상으로 작성 양식을 익히는 시간이 필요했었지만, 스스로 찾아 가는 공부를 하다 보니 매우 어려워서 제대로, 깊게 이해할 수 없었습니다. 더욱 힘든 점은 표준 문서의 초안을 작성해도 그 의견 취합이 쉽지 않다는 점입니다. 그러나 내용이 합리적이거나 다른 나라와의 협업 관계가 좋다면 여러 나라의 전문가들은 긍정적으로 제안한 내용을 받아들이기 위해 노력하는 모습을 보여 줍니다. 물론 합의에 이르는 시간은 매우 지루하며 때때로 영원히 합의되지 않기도 합니다. 특히 특정 기업의 이익이 걸려 있을 때는 더욱 그렇습니다.

그림 70 국제표준 회의의 시간.
협의를 위해 글로벌 시간에 맞추다 보니 늦은 밤 회의가 많습니다.

우리나라 제조업체가 표준에 관심을 갖지 못하는 이유

만약 새로운 기술을 개발한 회사가 표준에 관심을 갖지 않는다면, 대체로 비영리 분야에 있는 민간 전문가가 사회적 안전을 위해 혹은 전문가의 사명에 의해 표준 업무를 위해 노력할 수 있습니다. 하지만 기술을 개발한 회사가 참여한다면 좀 더 기술의 본질적 목적에 접근할 수 있다는 이점이 있습니다. 하지만, 표준이 주는 결실은 매우 오랜 시간 후에 나오기 때문에 그 경험을 하지 못한 제조업체에서는 지속적으로 인력을 투입하기가 쉽지 않습니다. 기업이 해당 기술을 표준화하지 않는다면, 아마도 두 가지 이유일 것입니다. 당장 회사를 지탱할 일이 아니면 인력을 투입하지 못할 만큼 회사가 영세하거나, 표준이 주는 거대한 미래 가치를 모르거나.

우리나라 기업이 표준의 미래 가치를 많이 알게 될수록 더 많은 기업이 이 분야에 관심을 갖게 될 것입니다.

그림 71 표준의 결실.
국제표준이 가져다주는 결실은 현재의 시점에서는 눈에 잘 보이지 않고, 심지어는 힘들게 돌아가는 것처럼 보입니다. 그러나 그 가치는 시간이 지날수록 더 큰 영향력으로 사회와 경제에 스며듭니다.

국제회의와 전 세계 영어

국제회의의 어려운 점은 당연히 '영어'입니다. 밤늦게 회의를 하는 데다가 각 나라 영어는 정말 익숙해지기 전까지는 못 알아듣습니다. 독일식 영어, 인도식 영어, 중국식 영어, 일본식 영어 등등 모국어가 영어가 아닌 국가의 영어는 각 국가의 악센트가 들어가서 놀라운 방언의 향연을 볼 수 있습니다. 이렇게 피로한 회의를 참석해도 주변 사람들은 당신이 표준을 위해 노력하는 것을 잘 알지 못합니다. 눈에 보이는 당장의 성과가 없기 때문입니다. 그러니 표준 전문가는 표준 전문가로부터 격려와 희망의 말을 들어야 합니다.

함께 참여하고 있는 표준 전문가에게 이렇게 따뜻한 한 마디를 건네 봅니다.
"수고 많았어요."

그림 72 보이지 않는 일들에 감사.
표준 활동은 눈에 잘 보이지 않으며, 가까운 시일 내에 성과가 보이지 않습니다.

'행간을 읽는다'라는 뜻

표준 문서 회의에서는 작성된 문서를 한 줄 한 줄 읽습니다. 그리고 변경한 사유와 그 의미를 공유합니다. 표준을 할 때, 비로소 우리는 '행간을 읽는다.'라는 행위가 무슨 뜻인지 진심으로 이해하게 됩니다. 회의를 하기 전에는 그저 글자였을 뿐인데, 회의 때 보는 그 문장은 마치 요술 방망이처럼 이런 뜻으로도 저런 뜻으로도 파생될 수 있는 무서운 말이었습니다. 간혹 어떤 문장은 특정 제조업 제품을 완전히 쓸모없게 만들어 버리기도 합니다. 그럴 때면, 사람들은 해당 내용에 대해 수십 번의 질문을 던지며 인정하지 않습니다. 그리고 어떤 문장은 특정 국가의 의료 기기법을 송두리째 흔들어 놓기도 합니다. 처음에는 몹시 지루한 글자 놀이처럼 보였다가, 그 문장이 주는 의미의 무게에 놀라 충격적이었던 순간들이 있었습니다.

그림 73 번개.
평범하고 지루한 문장이 충격적으로 다가오는 순간.
표준을 하시면 간혹 만날 수 있습니다.

인간은 완벽하지 않습니다

표준 문서를 통해 기술에 대한 내용을 취합하면, 그 문서는 현재 가장 합리적인 의견을 담은 문서가 됩니다. 하지만 그 기술 문서는 미래에 예상하지 못한 영향력을 끼치게 됩니다. 그리고 우리의 세상은 문서보다 빨리 변화하기 때문에, 표준이 만들어지고 날 때쯤에는 바로 수정이 필요한 시기가 와 버릴 수 있습니다. 그래서 표준은 기술 철학이라고 할 수 있습니다. 특히 안전 문제에 있어서는 지속적으로 보완이 필요할 수밖에 없습니다. 게다가 창의적인 인간의 오류나 범죄 문제 등은 예측할 수 없게 일어나기 때문입니다.

우리 인간은 완벽하지 않고, 자주 실수를 하며, 일이 벌어지고 나서야 개선하기도 하지만, 때로는 그 불완전함을 인정하며 미래를 대비해야 하는 존재이기도 합니다.

"사랑하지만, 믿지 마세요."

사람의 오류를 인정하는 과정에 표준이 있습니다. 우리가 쓰는 의료기기, 전기·전자 제품을 보다 안전하고 효용성 있게 하기 위해 보다 합리적인 표준을 만드는 과정을 넣어 줍시다. 그러면, 인간의 불완전함은 더욱 보완이 될 것입니다.

표준은 참 높은 도전 분야군요!

그림 74 사람과 오류.
사람은 사람이기에 실수와 오류를 합니다.
그 보완을 위한 과정에 표준이 있습니다.

IEC TC62C 초기 진입 단계 대한민국

　2023년에서 2024년을 향해 가는 지금, 우리나라는 IEC TC62C 분야 진입 초기 단계라고 생각합니다. 이 분야에 오랫동안 관여했던 글로벌 기업들인 IBA, GE, 지멘스, 필립스, 스미토모 등 대형 의료 기기 회사들은 한국의 수준을 낮게 보았습니다. 왜냐하면 그간 우리나라에 대형 의료 기기 회사가 없기 때문입니다. 과거 우리나라에서는 방사선 치료 기기나 핵의학 기기에 주요 제조업 회사가 단 한 개도 없었습니다. 이전 해외 학회에 참여할 때, 여러 국가의 업체 부스를 돌아다니곤 했습니다. 당시 우리나라에는 주요할 만한 방사선 의료기기 기업이 없어서 부스에서 한국 브랜드를 만나는 일은 없었습니다. 우리나라는 의료 서비스로 전 세계적으로 잘 알아 주는 국가인 데도 말입니다. 의료 산업은 전기·전자 산업 분야와 마찬가지로 해외 시장을 대상으로 해야 하는 분야입니다. 비록 한국의 시장 규모는 작지만 잘 만든 제품이라면 전 세계로 퍼질 수 있습니다.

새로운 분야가 있다면 표준에도 관심을 가져 주세요

 이 책을 읽고 계신 당신께서 혹시 새로운 제품을 만들고 계신다면 새로운 표준에도 관심을 가져 주세요. 대한민국과 함께 전 세계 사람들에게 봉사의 마음을 전달할 수 있습니다. 새로운 제품이란 매우 단순하고 작은 제품부터 매우 복잡하고 큰 제품까지, 그 수는 무궁무진합니다. 제품의 아이디어부터 표준까지 할 수 있다면 전체 세상의 한 판을 살펴본 것이라 생각합니다!

그림 75 새로운 제품에 새로운 표준.
제품의 시작과 끝, 그 모든 것을 경험해 보아요.

시작이 반

지금 막 시작하는 분야는 더 많은 노력이 필요하고, 국가적으로도 좀 더 관심을 쏟아야 하기도 합니다. 지금은 IEC TC62C WG1에서 NCT에 대한 기본 안전과 필수 성능 표준을 협업 차원에서 개발하고 있습니다. 이 문서는 일정 지연이나 누락이 없다면 2025년 중반쯤에 나오게 될 것으로 보고 있습니다. 그와 동시 우리나라는 NCT 개별 성능에 대한 표준 개발을 할 것으로 예상합니다. 우리나라는 새로운 기술의 주요한 핵심국이 되어 표준을 만들어 갈 자양분이 있으니까요. 지금부터 꾸준히 국제표준 분야에 관심을 가지고 준비한다면, 그간 한국에서 시작하지 못한, 불모지였던 표준 분야에서 우리나라의 영향력이 조금씩 커질 것이라 생각합니다.

그림 76 시작이 반.

표준 일을 통해 국제 봉사 활동 및
국가 위상을 높일 수 있습니다

　선진국은 다른 나라를 이끌어 가는 국가를 의미합니다. 표준을 이끌 수 있는 나라는 선진국이라고 할 수 있습니다. 우리나라가 전 세계에 필요한 제품을 만들고, 그 제품의 안전과 성능을 표준화한다면 이는 세상을 이끌고 가는 것과 같습니다. 세상을 이끌고 가는 것은 기술 리더가 되는 것과 유사합니다. 기업, 학교, 연구소, 병원 등 전문 기관에서 기술을 통해 인류애를 실현할 수 있는 분야가 표준입니다. 혹시, 국제적 봉사 활동에 목말라 있다면 본인이 가진 기술 재능을 선사해 주면 좋습니다. 일을 통해 타인을 돕는 것은 꽤 근사하지 않나요? 국제표준 업무를 수행한다면, 전 세계 사람들과 합리적 기준을 만들도록 노력하는 동시에 표준 업무를 통해 우리나라의 위상을 높일 수도 있습니다.

국제표준 문서 작성법을 공부하며

　물론 필자도 국제표준 문서를 작성하는 방법을 배우고, 회의도 참석하여, 현재도 문서를 작성하고 있습니다. 제안국이 되는 것과 무관하게 미리 국제표준 문서를 작성해 보았습니다. 물론 여전히 '작성한 문서가 다른 사람들과의 합의를 끌어낼 만큼 충분하냐?'의 문제는 이미 많은 경험을 한 전문가들이 함께 봐 줄 것이라 생각합니다. 그러니, 두려워 말고 국내 의견을 모아 작성하면 됩니다. 저처럼 어떻게 배워야 할지 잘 모르고, 누구에게 물어봐야 할지 잘 모르는, 새로운 분들에게 혹시 도움이 될까 하여 그동안에 살펴본 내용을 글로 남겨 봅니다. 여러 사이트를 둘러보며 찾아보고 작성을 해 보며 실무적인 어려움을 많이 알게 되었습니다. 표준이 주는 추상적인 과정에는 반드시 먼저 고생한 선생님들과 소통하는 것이 더 도움이 됩니다. 그리고 이 책을 보시는 분들께서 문서 작성법을 이해할 수 있는 세부적인 내용을 찾는 방법과 실제 표준이 가져가야 할 의미를 잊지 않고 작성한다면, 국제표준 제안과 국제표준 문서 작성을 완료하실 수 있을 것이라 생각합니다.

　어떤 일을 성공하는 방법은 매우 쉽습니다.

　성공할 때까지 하면 됩니다.

그림 77 회의.
표준을 만드는 일은 지속적인 회의와 합의 과정의 결정체입니다.

당신이 만드는 표준의 목적

"왜 이 표준을 만드는가? 이 표준의 목적은 무엇인가?"

국경이 무너진 현대 사회에서 회사나 한 국가의 이익만을 목적으로 하는 표준은 더 이상 국제 사회에서 합의되지 못합니다. 전 세계가 하나의 공동체로서 공동의 이익을 추구하는 것이 표준의 목적이며, 제조자, 사용자 그리고 그 사이를 연계하는 무수히 많은 절차에 관한 합리적인 방법을 찾고 이롭게 하는 것이 표준입니다. 필자는 이 개념을 이해하기까지 매우 오랜 시간이 걸렸습니다. 진정한 표준 전문가가 되기 위해서는 어느 나라가 자국만의 이득만 노리지 않도록, 문서를 잘 이해하고 비판하는 능력이 필요합니다. 그리고 지속적인 관심을 가져야 합니다.

협의의 결정체, 표준

　표준 업무는 사람이 하는 일입니다. 잘나면서 소통하지 않는 한 사람이나 한 국가는 모든 사람을 끌고 가지 못합니다. 그 사람은 배려가 없기 때문에 더 이상 매력이 없습니다. 다른 나라와 소통하려면 먼저 표준 회의에 여러 번 오랫동안 참석을 하는 것이 필요합니다. 국제회의를 통해 그들의 하는 이야기를 경청하고, 그 요구에 어떤 의미가 있는지 알아야 합니다. 이를 위해서는 절대적인 시간이 필요합니다. 어느 날 갑자기 아무것도 모르는 신규 전문가가 타인을 존중하지 않고 신나게 떠들어 댄다면 어느 나라도 그 표준에 합의할 수는 없을 것입니다. 사실 표준 분야는 먼저 다양한 회의에 참여해 다른 사람이 말하는 방식을 잘 숙지하고 대응을 하는 과정을 배워야 합니다.

그림 78 협의를 위한 경청과 성장.
식물의 성장에 시간과 노력이 필요하듯이
협의를 진행하기 위해서는 노력이 필요합니다.

표준을 배우는 길은 지속적인 국제회의의 참석

　회의에 참여한 절대적인 시간에 대한 눈에 보이는 효과는 없습니다. 그러나 그 누적된 시간은 회의에 참석하는 전문가에겐 해당 국가에 대한 신뢰를 쌓아 줍니다. 그리고 각 나라에서 새로운 기술이 생기면 그 기술을 가진 국가들과 유관 국가 간의 작업반(WG)을 만들어 해당 표준화 문서를 함께 작성하게 됩니다. 간단하고 합의가 쉬운 기술은 수 페이지 안에 표준 문서가 작성되기도 하고, NCT와 같이 대형이며 복잡한 장치의 경우에는 수십에서 수백 페이지 이상, 심지어 하나만을 다루는 것이 아니라 여러 내용이 포함될 수 있고, 첨부 문서 또한 더 붙어 갑니다. 그럼에도 불구하고 세부적으로 작성되지 않는 수많은 내용이 있으므로 이후 후속 개별 기술이나, 기술 시방서, 절차서 등이 계속해서 필요할 것입니다.

그림 79 시간, 누적의 힘.

새로운 기술은 새로운 표준이 필요합니다

　새로운 기술이란 언제나 새로운 일련의 일을 부릅니다. 만약 당신이 어떠한 새로운 제품을 개발한다면, 당신도 새로운 국제표준 업무를 만나는 기쁨을 가지게 될 것입니다. 처음 이 일을 시작할 때 용어가 낯설어서, 회의에서 난무하는 문서의 번호가 암호 코드 같아서 난감할 때가 있습니다. 여전히 익숙하지는 않지만, 그러한 낯선 환경이 이해가 되기까지 우리는 어쩔 수 없이 관찰하고 견디는 시간이 필요합니다. 무서워서, 힘들어서, 귀찮아서 아무것도 하지 않는다면 아무 일도 일어나지 않습니다. 세상의 변화를 만드는 일과 대한민국을 좀 더 나은 방향으로 바꾸는 일은 그리 멀리 있지 않습니다. 불편하지만, 귀찮지만, 꼭 내가 하지 않아도 되지만, 할 수 있는 사람들이 일을 하고 싶도록 만들기 위해서는 국가의 관심이 필요합니다. 표준이 필요한 누구나 국제표준을 주도할 수 있는 국가 환경을 만들어 주는 것이 바로 표준을 활성화하는 방향이라 생각합니다.

그림 80 나무늘보.
나무늘보는 매우 느리게 움직이는 동물로, 신진대사 또한 극도로 낮추어 생태계에 적응한 동물입니다. 최근 삼림 벌채로 인해 멸종 위기에 처한 동물이 되고 있습니다. 시대에 맞게 변화하는 동물만이 생태계에서 살아남듯이 기술 개발 또한 국제 생태계에 맞추어 적응해야 합니다.

5.
IEC TC62C 문서 작성 사례

자, 이제 국제표준 문서를 작성해 보려고 합니다. 어떻게 시작하면 될까요? 모방은 창조의 어머니입니다. 기존 작성 양식을 찾으러 갑시다. 실제 자료에는 작성에 대한 상세한 내용이 포함되어 있습니다. 다만, 문서를 읽고 이해하는 데에는 시간이 필요합니다.

방법을 알아 가는 과정

국제표준을 제안하는 시점에서 국제표준안을 같이 작성하여 준비한다면 행정적으로 주어진 시간보다 빠르게 국제표준 문서를 완성할 수 있습니다. 국제표준을 제안할 때 첨부 서류로 해당 표준 문서가 먼저 작성이 되었을 경우, 국제표준 투표에서도 그 적극성에 우호적인 표를 얻을 수 있습니다. 또한 전문성이 있기 때문에 작업반을 이끌어 갈 수 있는 힘이 생깁니다. 성공적인 국제표준 제안을 위해서는 표준 문서 작성법을 익히는 것이 필요합니다.

지금 우리는 정보가 넘쳐 나는 과잉 정보 시대를 살고 있습니다. 그렇기에 우리는 정확한 정보가 있는 인터넷 사이트를 알고 있는 것이 중요합니다. 필요한 정보만 발췌하는 것이 가장 빠르게 일하는 방법입니다. 처음부터 세부적인 것까지 모두 다 알 필요는 없습니다. 심지어 우리는 매우 바쁩니다. 대다수 표준 전문가분들은 모두 다른 생업을 하다가 필요에 의해 표준 일을 추가로 하는 것이기 때문에 표준 제안과 문서 작성에 관한 기술을 빠르게 습득해야 할 필요가 있습니다.

무슨 내용이 필요한지 명확한 목적을 가지고, 어떤 표준 기술을 인용할지 찾으면, 그다음에는 문서를 작성할 수 있습니다. IEC TC 항목 나열은 위에서 보셨을 겁니다. 매우 많은 전기·전자 기계를 모두 다룰 수 없습니다. 물고기를 잡아서 구워 주기보다는 물고기를 잡는 방법을 알기 위한 사이트 투어를 보여 드리도록 하겠습니다. 표준을 개발할 때 자료를 찾는 과정입니다.

그림 81 물고기를 잡는 법.

대한민국의 많은 전문가들이 국제표준안을 제안하는 절차를 알고 표준안을 작성할 수 있다면 대한민국은 국제표준을 선도하는 국가가 될 수 있습니다.

국제표준안 작성 방법

'국제표준종합지원시스템'은 표준과 관련한 실질적인 도움을 받을 수 있는 사이트입니다. 검색 사이트에 '국제표준종합지원시스템'을 입력하고 해당 홈페이지를 들어가 보면 매우 다양한 내용을 살펴볼 수 있습니다. 국제표준종합지원시스템은 공적·사실상 국제표준화활동 및 산업계에서 필요로 하는 표준 활용을 지원하여 민원 사항을 해결하기 위해 목적으로 구축되었습니다. 기업의 표준에 대한 필요성은 매우 다양하고 그 변화 또한 빠르기 때문에 ISO 및 IEC와 관련하여 실질적인 산업계의 애로 사항을 살펴볼 필요가 있습니다. 이 사이트를 자주 들어가서 보시면 필요한 내용을 찾을 수도 있고, 멘토링 서비스를 통해 상담이나 교육을 받을 수도 있습니다.

실전 작업 초안(워킹 드래프트, WD)

작업 초안 작성에 도움이 되는 자료 찾기

국제표준정보

'국제표준종합지원시스템'의 국제표준정보를 클릭하면 분류 항목이 왼쪽에 나타나 있습니다. 그중 국제표준 자료실에 들어가 왼쪽에 있는 '2. ISO/IEC Directives'를 클릭하면 다양한 문서가 저장되어 있는 것을 볼 수 있습니다. 'ISO/IEC Directives'는 급변하는 기술 사회에 맞추어 지속적인 수정 및 변경이 이루어지는 문서이므로 최신 버전의 가이드라인에 맞추어 문서를 작성하는 것이 필요합니다. 2023년이라고 기재된 문서가 가장 최신의 기술 작업 지침서로, 문서 작성을 위한 상세 내용의 원본은 IEC 홈페이지에서도 다운로드받을 수 있습니다. IEC 사이트에서도 이전 버전들이 아래에 있고, 가장 최신 버전이 최근 항목으로 올라와 있습니다. IEC 문서는 모두 영어와 프랑스어로 배포됩니다. 다운로드 부분 Download here(en)이라고 되어 있는 곳이 영어 버전이며, 프랑스어 버전은 (fr)로 되어 있습니다. 국제표준종합지원시스템에서는 영문으로 작성된 문서를 한글화하여 올려 두기도 하였습니다. 영어 문서보다는 한글 문서가 읽기에 편하므로, 과거 버전이라도 한글 문서로 먼저 숙지하고 최근에 변경된 부분에 대해서는 '주요 변경 사항' 문서를 활용하여 수정 사항을 이해하시면 빠르게 공부할 수 있습니다. 우리나라에서는 친절하게 Directive 번역본을 주기적으로 만들어 국내에 배포를 하고 있습니다.

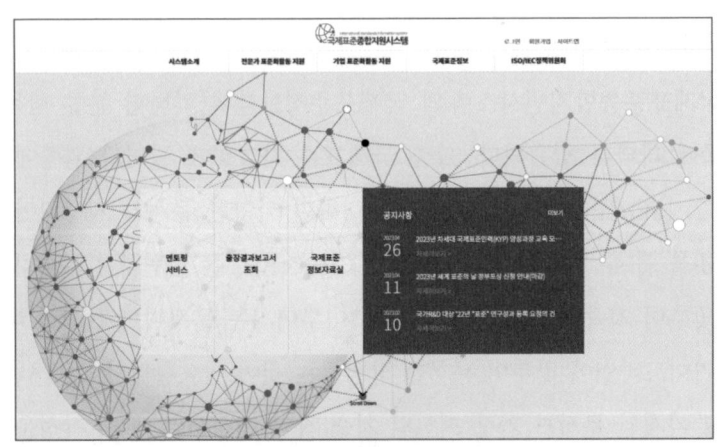

그림 82 국제표준종합지원시스템.

https://www.i-standard.kr/
홈페이지에 접속하여 스크롤을 내리면 기업표준화활동지원이 나오는데,
여기에 들어가서 보시면 멘토링 서비스가 있습니다. 이를 신청하시면 해당
서비스를 이용하실 수 있습니다. 멘토링 과제는 기간이 있어
시기에 따라 없을 수 있습니다.

그림 83 ISO/IEC Directives 자료실.
2023년 12월 ISO/IEC Directive Part 1 2023년 번역본이
최신으로 올라와 있습니다.

5. IEC TC62C 문서 작성 사례 **183**

그림 84 ISO/IEC 문서 양식.
국제표준자료실을 통해 필요한 자료 작성
참조 문서를 받아서 활용할 수 있습니다.

IEC 홈페이지

최고의 배움은 근원 문서를 잘 찾는 것에서 시작합니다. IEC와 관련한 표준 업무를 하고자 한다면 IEC 홈페이지와 친해지는 시간이 필요합니다. IEC 전체 홈페이지 사이트 투어를 해 봅시다.

인터넷 검색창에 IEC라고 치면 홈페이지에 접속할 수 있습니다.

그림 85 IEC 홈페이지.

홈페이지에 접속하시면 로그인 없이 다양한 문서에 접근할 수 있습니다. 실제 국제표준활동을 하게 된다면 우리나라 소속의 아이디를 부여받을 수 있습니다. 현재는 식품의약품안전처에서 관리하고 있습니다.

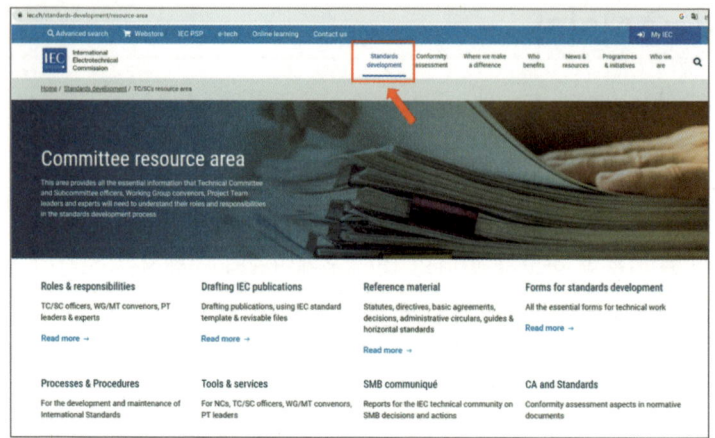

그림 86 표준 개발 부분 클릭.

그림의 붉은 박스의 'Standards development' 박스를 누르면 세부 박스가 나타납니다. 그중 맨 밑에 있는 'TC/SCs resource area'를 클릭하시면 위 그림처럼 'Committee resource area'가 나타납니다.

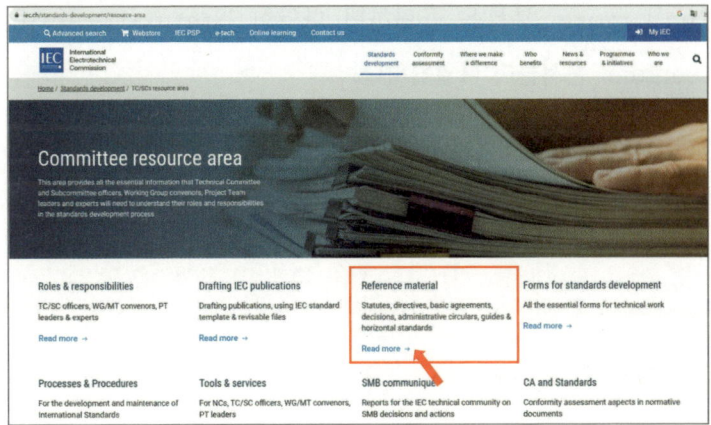

그림 87 참고 자료.

참고 자료(Reference material)의 'Read more →'의 파란 부분을 클릭하면 자료실로 이동합니다. 하위 문서로 들어갑니다.

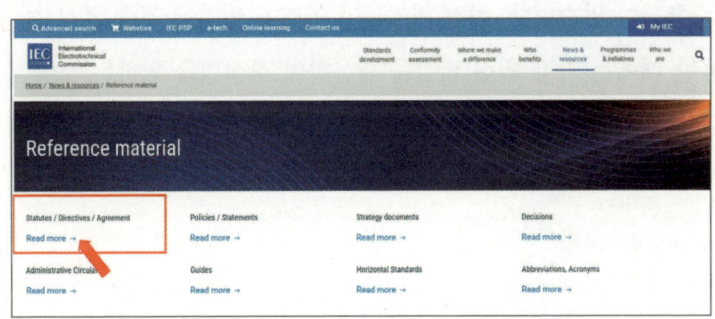

그림 88 참고 자료 Status/Directives/Agreement.

위에 언급한 '국제표준종합지원시스템' 홈페이지에도 같은 내용이 들어 있습니다. IEC 홈페이지를 같이 이용하여 문서를 확인해 봅니다.

'Read more' 부분을 클릭하면 다양한 'Status/Directives/Agreement' 문서들이 나열됩니다.

Statutes / Directives / Agreement

Reference, Edition, Date, Title	Date	Downloads
ISO/IEC Directives, Part 1:2023 + IEC Supplement:2023 Procedures for the technical work - Procedures specific to IEC	2023-05-01	edition 19.0 consolidated with IEC Supplement, edition 17.0 (2023-05) Download here (en)
		edition 19.0 consolidated with IEC Supplement, edition 17.0 (2023-05) redline version Download here (en)
ISO/IEC Directives, Main changes	2023-05-01	overview of main changes in Part 1 and in IEC Supplement 2023 Download here (en)
	2021-05-19	overview of main changes in Part 2:2021 Download here (en)
ISO/IEC Directives, Part 2:2021 Principles and rules for the structure and drafting of ISO and IEC documents	2021-05-19	edition 9.0 (2021-05) Download here (en) Download here (fr)
		edition 9.0 (2021-05) redline version Download here (en)
ISO/IEC Directives, JTC 1 Supplement:2023 Procedures for technical work - Procedures specific to JTC 1	2023-10-01	Based on ISO/IEC Directives Part 1 Edition, 2023 Download here (en)
Statutes and Rules of Procedure 2021 edition	2021-12-20	Download here (en) Download here (fr)

Historical versions available here

그림 89 Status/Directives/Agreement 문서 항목.

'ISO/IEC Directives, Part 1: 2023 + IEC Supplement: 2023' 문서는 가장 최신의 기술 작업 지침서로 문서 작성을 위한 상세 내용이 수록되어 있습니다. 이전 버전들이 아래에 있기에 기술 문서 작성에 활용할 때에는 가장 최신 버전을 활용하여 작성법을 익히는 것이 좋습니다.

ISO/IEC 기술 작업 지침서 내용 살펴보기

　국제표준종합지원시스템에서 ISO/IEC 기술 작업 지침서를 다운로드합니다. 최신 영문 버전이 지속적으로 올라오며, 이러한 문서의 번역은 다소 시간 차이가 있을 수 있지만, 활용 가능한 수준으로 빠르게 올라오고 있습니다. IEC 홈페이지와 같이 참고하시면서 문서 작성에 도움이 됩니다. 실질적으로 기술 작성법에서의 변경은 많지 않고, 그동안 급작스럽게 공동 작업 건이 많아지며 의사 결정에 관한 행정적 부분 변화가 많았습니다. 현재 ISO/IEC 기술 작업 지침서 번역판 Part 1은 2023년 12월 통합증보판으로 발간되어 올라와 있습니다. 처음 문서 제안이나 작업 초안 작성을 시작하시는 분들은 번역본을 활용하여 내용을 빠르게 이해한 후 작성하며, 수정판이 나왔을 경우 주요 변경 사항을 확인하는 방법으로 작업하는 것이 효율적입니다. 또한 국제표준 미팅의 작업반(WG)에 들어가시면 작성법을 잘 알고 계시는 많은 분들이 편집 부분에서 정성 어린 의견 및 교정을 해 주십니다. 일단 기술 내용을 작성할 수 있다면 형식적인 부분은 쓰면서 교정할 수 있는 기회가 있습니다.

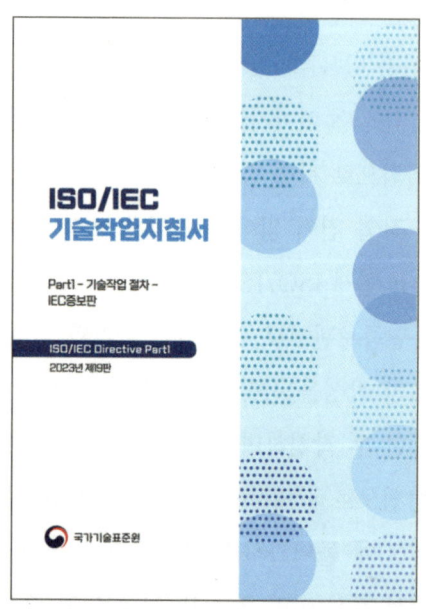

그림 90 ISO/IEC 기술 작업 지침서 최신 번역본.
국가기술표준원에서 발간하였으며 매우 쉽게 번역이 되어 있어
큰 도움이 됩니다.

그림 91 국제표준안 작성 방법.
한국표준협회에서 발간한 국제표준안 작성 방법에는
ISO/IEC Directive Part II를 중심으로 쉽게 설명이 되어 있어,
실제 작성을 하시는 분들은 활용하기가 좋습니다.

국제표준안 작성 방법 목차

사실 모든 문서의 시작과 끝은 목차라고 할 수 있습니다. ISO/IEC Directive Part II를 기반으로 한 국제표준안 작성 방법에는 아래와 같이 주요한 내용에 대한 상세한 예시가 있습니다. 목차를 통해 하나하나 확인할 수 있습니다.

Contents

국제표준안 작성 방법 – ISO/IEC Directives Part II를 중심으로 –

I. 초안 작성의 기본 원칙

1. 표준의 정의 및 표준 문서의 종류   6
2. 초안 작성 원칙   8
3. 표준 작성 시 참조 표준   15
4. 표준의 체계   22
5. 용어 및 정의의 작성과 표현   31
6. 제목 작성   40
7. 특허권   43
8. 동사의 표현   45
9. 수량 및 단위의 표현   47
10. 표의 작성   50
11. 그림의 작성   53
12. 참조   59
13. 숫자 및 수치값의 표현   63
14. 수학 공식   64
15. 값, 치수 및 허용오차   68

II. 초안(Working draft) 작성

1. 제목(Title)   70
2. 특허권(Copyright)   74
3. 목차(Table of contents)   76
4. 서문(Foreword)   84
5. 안내문(Introduction)   86
6. 범위(Scope)   88
7. 인용 표준(Normative references)   90
8. 용어 및 정의 (Terms and definitions)   94
9. 기호 및 약어 (Symbols and abbreviated terms)   98
10. 기술 본문(Technical text)   101
11. 부속서(Annex)   114
12. 참고 문헌(Bibliography)   116
13. 색인(Index)   119

그림 92 국제표준안 작성 방법 목차.

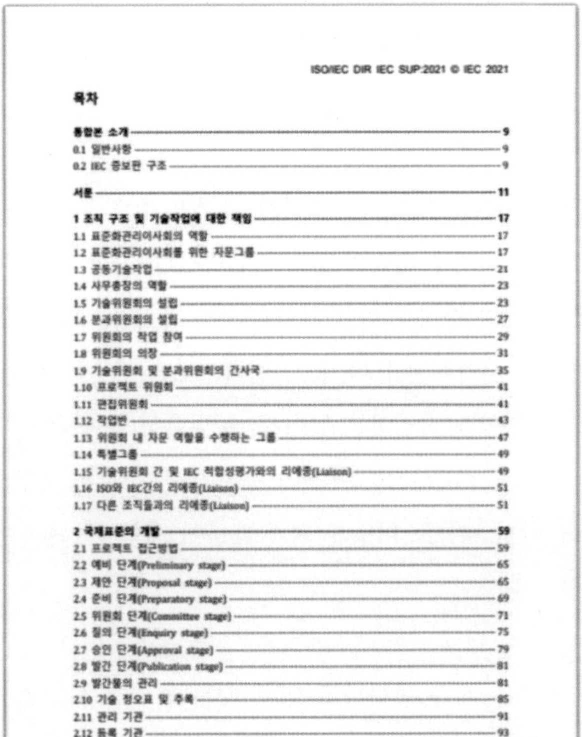

ISO/IEC DIR IEC SUP:2021 © IEC 2021

목차

통합본 소개 ————————————————————— 9
  0.1 일반사항 ————————————————————— 9
  0.2 IEC 증보판 구조 ————————————————— 9

서론 ——————————————————————————— 11

1 조직 구조 및 기술작업에 대한 책임 ————————— 17
  1.1 표준화관리이사회의 역할 ————————————— 17
  1.2 표준화관리이사회를 위한 자문그룹 ——————— 17
  1.3 공동기술작업 —————————————————— 21
  1.4 사무총장의 역할 ————————————————— 23
  1.5 기술위원회의 설립 ———————————————— 23
  1.6 분과위원회의 설립 ———————————————— 27
  1.7 위원회의 작업 참여 ———————————————— 29
  1.8 위원회의 의장 —————————————————— 31
  1.9 기술위원회 및 분과위원회의 간사국 ——————— 35
  1.10 프로젝트 위원회 ————————————————— 41
  1.11 편집위원회 ——————————————————— 41
  1.12 작업반 ————————————————————— 43
  1.13 위원회 내 자문 역할을 수행하는 그룹 —————— 47
  1.14 특별그룹 ———————————————————— 49
  1.15 기술위원회 간 및 IEC 적합성평가와의 리에종(Liaison) — 49
  1.16 ISO와 IEC간의 리에종(Liaison) ——————————— 51
  1.17 다른 조직들과의 리에종(Liaison) —————————— 51

2 국제표준의 개발 ————————————————— 59
  2.1 프로젝트 접근방법 ———————————————— 59
  2.2 예비 단계(Preliminary stage) ——————————— 65
  2.3 제안 단계(Proposal stage) ————————————— 65
  2.4 준비 단계(Preparatory stage) ——————————— 69
  2.5 위원회 단계(Committee stage) —————————— 71
  2.6 질의 단계(Enquiry stage) ————————————— 75
  2.7 승인 단계(Approval stage) ————————————— 79
  2.8 발간 단계(Publication stage) ——————————— 81
  2.9 발간물의 관리 —————————————————— 81
  2.10 기술 정오표 및 추록 —————————————— 85
  2.11 관리 기관 ———————————————————— 91
  2.12 등록 기관 ———————————————————— 93

그림 93 ISO/IEC 기술 작업 지침서 목차 예시.

목차를 들여다보면 통합본 소개로 시작됩니다. 먼저 통합본의 발간물을 개발하는 기본 절차를 정의한다는 소개를 하며, 작성에 필요한 주요 정보를 포함하는 것을 알려 줍니다. 그리고 통합본 문서의 구조에 대해 간단히 설명하고 있습니다. 이 문서는 계속해서 증보판이 나오게 되므로 이전과 비교하여 어떠한 내용이 변경하게 되었는지도 설명하고 있습니다.

서문은 글의 시작 부분입니다. 전체 문서의 주요 부분에 대해 알려 줍니다. Part 1은 기술 작업의 절차를 설명하며, Part 2는 ISO와 IEC 문서 구조 및 초안 작성을 위한 지침을 알려 줍니다. 또한 요즘처럼 융합이 도래하는 시기에는 ISO, IEC 단독으로만 표준을 작성하기보다는 ISO/IEC와 함께 작업하는 일이 자주 발생하기 때문에 JTC(Joint Technical Committee)라는 것이 생기기도 합니다. 시대가 바뀌면 자연스럽게 작업 내용도 바뀌게 되기 때문에 계속해서 증보판이 필요한 것입니다.

사회와 기술은 계속 변화하고 있기 때문에 지침서가 변경되는 일은 매우 당연합니다. 다만, 필요가 먼저 대두되고 문서의 발간은 그보다 늦기 때문에 지침 없이 일을 해야 하는 상황도 발생합니다. 특히, 2020년과 2021년은 코로나바이러스로 전 세계의 대면 업무가 제한되었습니다. 따라서 이때에는 인터넷 원격 화상 회의 시스템을 이용하여 회의를 하는 것도 가능하게 되었으며, 이러한 회의와 의사 결정 구조에도 변경이 일부 있었습니다.

용어

새로운 일을 시작할 때 가장 필요한 것은 바로 기존 용어의 정의를 잘 찾는 것입니다. 특히, 표준의 경우는 전 세계의 합의를 이루는 과정이기 때문에 정확한 언어와 정의를 사용하는 것이 필요합니다. 국제표준을 다루는 IEC와 ISO에는 각각 주요한 용어가 있고 이러한 용어는 기존 문서나 온라인 검색을 통해 확인할 수 있습니다. IEC에 홈페이지에는 전자사전이 포함되어 있습니다.

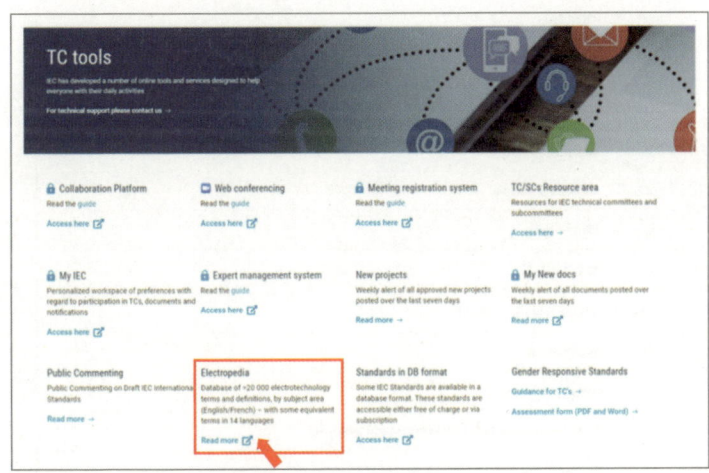

그림 94 TC tools의 Electropedia.

용어를 정확하게 찾기 위해서는 IEC 홈페이지 상단 첫 번째에 있는 'Standards development'를 클릭하면 아래에 TC tools이 나옵니다. TC tools을 클릭하고 3번째 줄에 있는 Elctropedia의 아래 파란색 글씨로 적힌 Read more로 들어가면 다양한 기술 용어의 정의와 각 나라별 용어명을 확인할 수 있습니다.

Area	Electrical and electronic measurements - Types of electrical measuring instruments / Detecting and indicating instruments
IEV ref	313-01-35
en	**energy meter** instrument intended to measure electrical energy by integrating power with respect to time
fr	**compteur d'énergie**, m appareil destiné à mesurer l'énergie électrique par intégration de la puissance en fonction du temps
ar	عداد طاقة
de	Elektrizitätszähler, m Zähler, m
es	contador de energía
fi	sähköenergiamittari
it	contatore di energia
ko	에너지 계기
ja	エネルギー計
mn	эрчим хүчний тоолуур
pl	licznik energii
pt	contador de energia
ru	счетчик (измеритель) электрической энергии
sr	бројило, с јд
sv	elmätare
zh	电能表 电度表
Publication date: 2001-07	

그림 95 TC tools의 Electropedia 사례.
IEC 일렉트로피디아 http://www.electropedia.org

Electropedia는 국제 전기 기술 어휘로, 세계에서 가장 포괄적인 온라인 전기 및 전자 용어 데이터베이스입니다. 영어와 프랑스어로 된 22,000개 이상의 용어와 정의가 11개 언어로 구성되어 있습니다. 위에 보시면 한국어도 표기되어 있습니다. 지금은 더 많은 한국어 번역이 반영되도록 여러 전문가분들이 노력하고 계십니다.

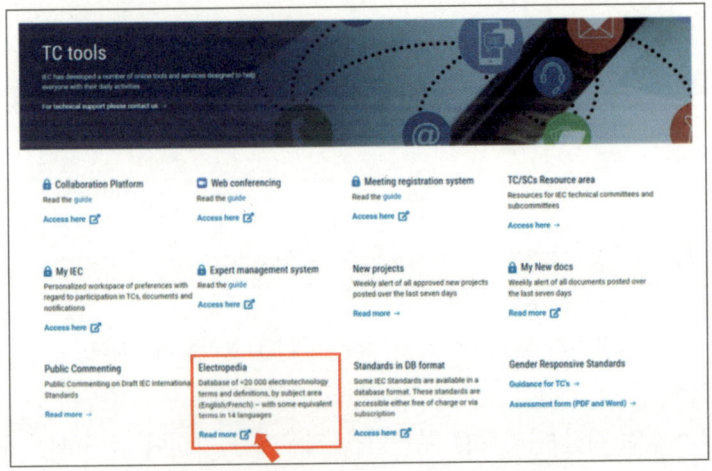

그림 96 TC tools의 Standards in DB format.

또한 Elctropedia의 바로 오른쪽에 있는 Standards in DB format을 클릭하여 들어가면 IEC 간행물에서 추출한 영어 및 프랑스어로 된 51,000개 이상의 전기 기술 용어 모음을 보실 수 있습니다.

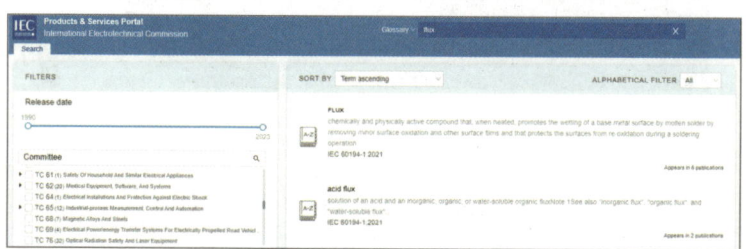

그림 97 Standards in DB forma의 IEC 용어집 이용 사례.

국가별로 개인 아이디를 부여받을 경우에는 자신이 참여하는 표준 작업의 업무를 공유하고 회람할 수 있습니다.

약어

의학을 처음 배우기 전, 의대 학생들은 '의학 용어'를 미리 암기해서 본과 생활을 시작합니다. 용어를 알지 못하면 수업 내용을 이해하기 힘들기 때문입니다. 의학 용어는 라틴어 및 영어로 구성되어 있어 그 어원을 알면 이해하기가 쉬워집니다. 게다가 실무적으로도 병원 내에서는 약어로 이야기를 합니다. 예를 들어

"선생님, 이 환자분 UTI로 Anti 써야겠습니다."

이렇게 이야기를 하면, Urinary track infection 즉 요로감염으로 antibiotics 항생제를 쓰겠다는 의미입니다. 물론 이런 것은 규정된 약어도 있고 업무 편의를 위해 쓰는 경우도 있습니다.

의학만 그랬던 것이 아니라 국제표준 작업도 마찬가지였습니다. 처음 표준 작업을 시작했을 때, 회의 시간에 날아오는 수많은 약어에 잠시 기절할 뻔했습니다. 일단 국제표준 회의는 영어로 대화합니다. 앞서 말했듯, 각 나라별 영어는 고유 악센트가 있어서 발음을 알아듣기가 쉽지 않습니다. 미국, 영국, 호주, 독일, 스웨덴, 이탈리아, 스위스, 인도, 캐나다, 핀란드, 중국, 일본 등 각 나라별 언어 스타일의 영어를 하면서 약어를 함께 씁니다. 그래서 처음 국제회의를 참석한다면 외국어와는 다른 낯선 언어의 세계를 만나게 됩니다. 그렇기 때문에 국제표준 회의를 참가하는 사람이라면 주요한 약어는 자주 숙지하여 알고 있는 것이 좋습니다.

약어	풀어쓰기 및 한글
JTAB	Joint Technical Advisory Board 공동기술자문위원회
JPC	Joint Project Committee 공동프로젝트위원회
JWG	Joint Working Group 공동작업반
TC	Technical Committee 기술위원회
SyC	Systems committee 시스템위원회 IEC
SC	Subcommittee 분과위원회
PC	Project Committee 프로젝트위원회
WG	Working Group 작업반
PWI	Preliminary Work Item 예비 작업 항목
NP	New work item Proposal 신규 작업 항목 제안
WD	Working Draft 작업 초안
CD	Committee Draft 위원회안
DIS	Draft International Standards 질의안, ISO
CDV	Committee Draft for Vote 질의안, IEC
FDIS	Final Draft International Standards 최종 국제표준안
PAS	Publicly Available Specification 공개 활용 규격
TS	Technical Specification 기술 시방서
TR	Technical Report 기술 보고서

약어.
이 책 이전에도 해당 내용을 일부 기술하였습니다.
하지만, 여러 번 반복하면 좀 더 친숙해질 것입니다.

ISO, IEC 공동 업무

공동기술자문위원회(JTAB)는 ISO, IEC 중 하나가 공동 계획 수립을 요구할 경우, 양 기구의 기술 작업과 활동이 중복될 수 있으므로, 이를 해소하는 작업을 수행합니다. 이 일에는 계획 및 절차와 기술 작업에 대한 질문을 포함합니다. 공동기술위원회(JTC)와 공동프로젝트위원회(JPC)는 ISO와 IEC의 공동결정이나 JTAB의 단독 결정으로 설립될 수 있으며, JPC는 한 기구가 관리 책임을 맡습니다.

각 기구에는 사무총장이 있으며 ISO/IEC 기술 작업 지침서 및 기타 기술 작업에 대한 규정을 이행할 책임이 있으며, 중앙사무국에서는 기술위원회, 이사회, 기술관리이사회 간의 모든 연락을 맡아서 수행합니다. 실질적으로 국제표준 전문 위원으로 활동하게 된다면 기술위원회(TC)와 가장 빈번하게 교류를 합니다. 기술관리이사회는 관련 기술위원회(TC)의 협의를 거쳐 기존 분과위원회(SC)를 새로운 기술위원회(TC)로 전환할 수 있습니다.

만약, 기수 내 조직 및 멤버들이 새로운 기술위원회(TC) 설립이 필요하다고 생각하면 신규 기술 활동 영역을 다음과 같이 제안할 수 있습니다.

1.5. 기술위원회 설립
1.5.3. 신규 기술 활동 영역 제안

회원기관(NB), 기술위원회(TC) 또는 분과위원회(SC), 프로젝트위원회, 정책 위원회, 기술관리이사회, 사무총장, 각 기구 지원하에 운영되는 인증 시스템을 관리 담당하는 조직, 회원 기관 소속의 타 국제기구

그림 98 눈 내리는 풍경.

기술 문서 번호를 일부 기억합시다

특히, 자신이 참여하는 전문 분야의 국제표준 문서의 문서 번호는 최대한 많이 아는 것이 필요합니다. 왜냐하면 문서의 제목은 너무 길기 때문에 매번 이야기를 할 때마다 말하기 힘들기 때문입니다. 그래서 사람들은 문서를 번호로 이야기하며 쉽게 소통합니다. 실제 회의에서 'IEC 60601-2-' 등등으로 말하는데, 아무것도 모른 채 회의를 듣는다면 마치 코드로 소통하는 느낌을 받을 수 있습니다. 참조하는 문서의 코드 번호, 예를 들어 'IEC 60601-1-64'라든지 하는 코드명과 숫자가 오갑니다. 그래서 해당 문서가 어떤 표준인지 잘 모를 경우 사람들이 이야기하는 내용이 잠시 혼란스러울 수 있습니다.

문서 관련한 주요 내용

국제표준 문서를 작성하기 위한 주요 내용은 이미 언급한 대로 '국제표준안 작성 방법', ISO/IEC 기술 작업 지침서 Part I과 Part II를 참조하시면 찾을 수 있습니다. 그리고 해당 국제표준 업무를 하고 있는 간사님과 소통하시면 주요한 내용을 확인 받을 수 있습니다.

e나라표준인증 홈페이지

아래는 표준번호 KS A 0001 문서입니다.

그림 99 표준번호 KS A 001 문서.

e나라표준인증 사이트를 둘러보면 '표준의 서식과 작성 방법'이라는 표준번호 KS A 0001 문서가 있습니다.

적용 범위는 아래와 같습니다.

"이 표준은 국가표준(이하, 표준이라 한다)의 구성 및 표현형식을 규정하며 한국산업표준, 단체표준, 회사표준 및 기술기준에도 적용이 가능하다. 한국산업표준은 국가표준으로서, 영문으로 Korean Standards로 표기하며, 약칭은 KS로 한다."

즉, 우리가 사용하는 대다수의 제품은 KS에 따라 인증되는데, 이러한 KS 문서를 만들기 위해 KS A 0001 문서에 의거하여 만들어야 합니다. 이 문서는 1962년 6월 26일에 처음 제정되어 고시되었고, 개정과 확인을 거쳐 2023년 4월 3일에 개정이 이루어졌던 현황을 보이고 있습니다. 2021년도에는 ISO/IEC Directives, Part2의 변경 건을 포함한 개정사항을 반영하였습니다. 덕분에 해당 문서를 활용하면 작성 방법에 대해 이해를 높일 수 있습니다.

아래 사항은 국제표준 문서와 함께 알아 두면 좋은 단어입니다

기술 시방서(technical specification)

국제표준기관에서 발행한 문서로서 국제표준으로 합의될 가능성은 있으나, 국제표준으로 승인 지지를 획득하지 못했거나, 합의가 불분명하거나, 표준화 주체가 개발 중이거나, 발행의 기타 장애 요인이 있어서 국제표준이 되지 못한 문서를 말합니다.

기술 보고서(technical report)

국제표준 또는 기술 시방서로서 발행된 문서에서 수집된 여러 종류의 데이터를 포함시켜 발행한 문서입니다. 데이터라 함은 국가표준기관 간의 설문조사에서 얻는 데이터, 다른 국제기구의 작업에 의한 데이터 또는 특정 주제에 관한 국가표준기관의 표준과 관련된 최신 기술에 관한 데이터를 포함합니다. 기술 보고서는 요구 사항, 권고 사항 및 허용을 포함할 수 없습니다.

표준 문서를 기술의 특성에 따라 크게 두 가지로 나누자면 '규범'적인 내용과 '정보 제공'의 목적으로 분류할 수 있습니다. 규범적이라고 하면 말 그대로 '~해야 한다.'로 표기되는 당위적인 내용이지만, 정보만을 제공하는 목적의 내용은 과학적 근거에 기술하여 작성해야 합니다. 따라서 기술 보고서라 하면 데이터에 기반한 내용으로 정보 제공의 목적이 있다고 할 수 있습니다.

조항(provision)

설명, 명령, 권고 사항, 또는 요구 사항의 형식을 취하는 규범적 문서 내용을 서술하는 표현으로, 조항의 형식은 단어의 형태로 구분됩니다. 명령법으로 표현되면 명령, 문자 말미의 권유 혹은 요구의 형태로 표현되면 권고 사항이나 요구 사항으로 구별되는 것입니다. 문장의 표현 방법으로 명령하여 의무화하는 내용을 알리거나, 상세히 설명하거나, 권유 혹은 권고 형태로 표현한다는 의미입니다.

(출처: ISO/IEC Directives, Part 2, 3.3.1. /KS A 0001의 내용을 일부 수정함.)

요구 사항(requirement)

해당 문서를 반드시 이행해야 하는 기준을 제시한 후에 이를 충족해야 할 내용을 전달하는 표현입니다. 기준도 제시하고 그 내용을 충족하라는 의미입니다.

권고 사항(recommendation)

해당 문서의 내용 중 가능한 대상 중에 하나를 특별히 적절하다고 추천하거나 선호할 수는 있지만, 다른 대상이 회피되거나 금지된 것은 아닐 때 내용을 전달하는 표현에 해당하며, 권유형이라고 이해하면 됩니다.

그 외에도 알면 알수록 낯설거나 논문에서 표기하는 내용과 다른 경우도 있습니다. 다행히도 우리나라에서는 국가기술표준원에서 활용 가능한 좋은 문서를 상시 발간하고 있습니다.

그림 100 물망초.

우리가 사는 세상에는 이름 모를 수많은 사람들이 세상을 위한 일을 합니다. 참고하기 위해 수많은 문서들을 읽다 보면 우리는 숨어 있던 누군가를 만나게 됩니다. 그들은 물망초의 꽃말처럼 잊지 말라고 말하지 않고 그저 숨어 있습니다. 세상의 고마운 그들을 잊지 않아야겠습니다.

6.
모든 일에 필요한 것은 '의지'

의지

요즘은 인터넷을 이용하면 매우 훌륭한 정보를 엄청난 양으로 접할 수 있습니다. 정보는 과잉이 되었지만, 정작 그 정보를 활용해 일을 한다는 것은 쉽지 않습니다. 표준 분야도 우리의 일상과 관련되어 할 일이 참 무궁무진합니다.

"의지만 있으면 표준을 잘할 수 있어!"라고 말하고 싶습니다.
문득 필자의 아들 준우의 말이 기억이 납니다.

"엄마, 이 세상에서 가장 구하기 어려운 게 의지야. 흔하게 공부를 잘하기가 어렵지."
표준 일이 쉽지 않은 이유는 그 '의지'를 가지는 일이 쉽지 않기 때문입니다.

합의 도출 전문 기관

  IEC 및 ISO 국제기구는 국내 및 국제적인 공통의 합의를 도출하는 일을 전문적으로 하고 있습니다. 흔히 말하는 수많은 사람들의 지성을 합에 이르는 과정을 하는 전문적인 비영리 기관입니다. 때로는 이해관계가 상충되어 합의가 지연되고 결렬되고, 간혹 시장이 성숙되지 않은 제품의 경우, 표준을 정하는 과정에서 사라지기도 합니다. 이러한 총체적인 어려움을 극복해야만 나올 수 있는 산물이 '표준'입니다. 그렇기 때문에 최종의 산물인 '국제표준'은 전 세계에 영향력을 미칩니다.

인간의 합의가 만들어 낸 돈과 신용의 사회

'돈과 신용'은 인류의 역사 내내 합의된 믿음입니다. 과거에서부터 우리는 '금', '은', '동'과 같은 실물 가치를 넘고, 종이 화폐로의 전환을 거쳐 전자 상거래의 시대를 살고 있습니다. 또한, 보이지 않는 신용이 도입되어 미래 가치의 돈을 미리 끌어다 사용하는 사회를 당연시하며 살고 있습니다. 이는 사람들 간의 합의와 믿음이 있었기에 가능한 것입니다.

인류 역사상 돈과 신용에 견줄 만한 합의가 더 있을까요? 저는 화폐에 버금가는 신용이 바로 '표준'이라고 생각합니다. 과거에 제품을 만들 때에는 표준이 필요하지 않은 좁은 사회였지만, 최근 몇십 년 내에 세계 공통의 표준에 대한 욕구는 높아졌습니다. 무엇보다 표준은 인류의 이익에 기반하면서, 기업의 이익과 관련이 있습니다. 결국 더욱 합리적인 표준일수록 인류의 안전에는 좋은 영향을 미치게 됩니다.

그림 101 합의.

선한 의지로 표준에 참여해 주세요

국제표준 일에 참여하는 사람들은 대게 자발적 참여 '의지'를 기반으로 일을 합니다. 그들은 매우 지루하고 오래 걸리는 일을 보이지 않는 곳에서 꾸준히 하고 있습니다. 대다수의 표준 업무는 이해관계보다는 과학에 기반한 안전한 방법을 지향하고 있습니다. 진심으로 세상을 위하는 일을 한다면 봉사하는 기쁨도 누릴 수 있습니다.

기술 철학이 인류의 방향을 만든다

노벨은 자신이 개발한 다이너마이트가 전쟁의 도구로 사용되는 것에 눈물을 흘렸습니다. 기술 개발자는 자신이 개발한 제품을 세상에 내놓지만, 그 사용이나 응용은 사회적으로 진화하여 한 개인이 걷잡을 수 없기도 합니다. 하지만 그 진화가 사회에 해악으로 작용하거나 문제가 있다면 그 또한 사회적 합의에 의해 저지할 수 있습니다. 표준이 '규범'으로 작용할 수 있는 덕분입니다.

그 모든 과정에는 관련 전문가의 기술 철학의 노력과 사회적 선을 위한 합의가 필요합니다. IEC나 ISO는 그러한 기술에 인류의 철학을 담으려는 노력의 일환으로 만들어졌습니다. 잘못 쓰인 기술은 인류를 쉽게 멸망시킵니다. 이제 우리는 제품으로 인한 미래 파생 능력을 예견하고, 또 신중하게 검토해야 하는 시대를 살고 있습니다. 때론 절망적으로 보였던 인류가 앞으로의 영속 가능한 삶을 가지기 위해서는, 전 세계의 안전과 질서를 유지하는 노력을 해야 합니다. 최근 환경 분야가 강조되는 것에는 이러한 이유가 있습니다.

처음은 언제나 낯설고 힘든 여정입니다.
이 책을 읽으시는 분들께서 국제표준 문서 작성의 여정에
함께하기를 바라는 마음으로 이 책을 씁니다.

6. 모든 일에 필요한 것은 '의지' 217